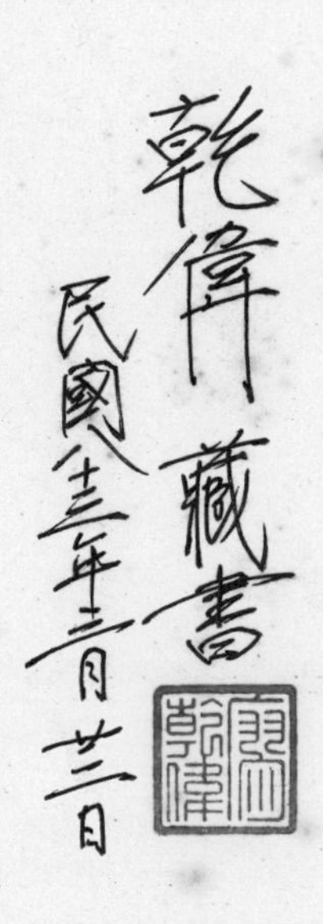
乾偉藏書
民國八十三年十二月廿二日

台灣民間信仰小百科〔醮事卷〕

讓傳統文化立足世界舞台

——《協和台灣叢刊》發行人序

林經甫 勤仲

這是一種相當難得且奇特的經驗，四十歲之前，許多人常會問我的，總是一些生理與醫療方面的問題；四十歲之後，我最常思考的卻是文化方面的問題。

如此南轅北轍的改變，最主要的原因，應該是來自我的經驗法則：跟每一位成長在戰後的一代相彷，自童年長至青年，無論是家庭、學校或者是整個社會給我的壓力，只是讀書、考試，考試、讀書；而我一直也沒讓人失望，唸完醫學院後，順利負笈英國，接著又在日本拿到博士學位，先後在美國及台灣擔任過許多人欽羨的婦產科醫生，也正因此，讓我有太多機會在世界各地認識不同的友人。然而，這樣的機會卻總讓我感到自卑，這自卑並非來自專業知識，而是每每交換及不同的文化經驗時，少數識得台灣的友人，也僅知道這個海島擁有七百億的外匯存底而已。

這個殘酷的事實，逼著我不得不慎重的思考：什麼樣的文化，才足以代表台灣？

●

一九八三年間，我結束了在美的醫療工作，

回台全力投注於協和婦幼醫院的經管，由於業務的需要，常有機會到日本去，有一次在橫濱的一家古董店裡，發覺了十幾尊傳統布袋戲偶，讓我突然勾起兒時在台南勝利戲院，坐在長排椅的椅背上看內台布袋戲的情景；不久後，在大阪天理大學附設的博物館，看到那尊清乾隆年間的戲神田都元師以及古色古香的「六角棚」戲台，還有那些皮影、傀儡、木雕、銀器、刺繡與原住民族的工藝品，讓我產生極大的感動，忍不住當場流下眼淚。

我的感動來自於那些代表先民智慧與工藝水平的器物之美；忍不住掉下的眼淚，則是因為這些製作精巧，具有歷史意義又代表傳統文化精華的東西，在這外邦受到最慎重的收藏與保護，但在當時的台灣，除了某些唯利是圖的古董商外，根本乏人理會！

除了感動，同時也讓我感受到日本文化侵略的危機，這種危機感也許可溯自大學三年級的暑假，我參加基督教醫療協會，到信義、仁愛、望洋等山地部落，從事公共衛生的醫療服務時，便深刻體會到日治時期對台灣山地的積極教育，讓日本文化、語言以及民族性都紮下不錯的根基，其深厚的程度甚至令人驚駭，只是當時的情況，個人並無力改變什麼。及至一九八〇年前後，我結束學業，回到台灣後，第一件事便是找到彰化教育學院的郭惠二教授，試圖回到山地，經管一個模範村的計劃，結果模範村計劃因故流產，而那次再回山地，讓我不敢置信的是，由於電視進入山區，使得原住民族的文化幾近完全流失，少數保存下來的，卻是日治時期的文化遺產。

這是多麼可怕的文化侵略啊！難道連日本人走了，都還能予取予求地用區區的金錢，換取我們最珍貴的傳統文化？

如此揉合著感動、迷惑又驚駭的心情，讓我在東京坐立難安，隔天，便毫不考慮地到橫濱那家古董店買回店中所有的布袋戲偶，同時又透過種種關係，買回「哈哈笑」劇團最早那個被台灣古董商騙賣到日本的戲棚。

那絕不只是一時的衝動而已，我很清楚地告訴自己，只要在能力範圍之內，將盡可能地尋回這些流落在外的文化財產；這些年來，雖沒有明確的收藏計劃，但只要是有價值的東西，我都不肯放棄，至今，也才稍可談得上規模。

●

嚴格說來，我是個典型受西式教育的人，加上長年在國外的關係，讓我對藝術或者文化，都懷有較深且闊的世界觀。

最早我在英國唸書的時候，便跑遍了歐洲重要的美術館，後來每次出國，只要有機會，決不會錯過任何一個可觀的現代藝術館。

除了參觀與欣賞，我也嚐試著收藏一些美術的東西，收藏的目的，除因個人的喜好，當然也因為美好的藝術品也是不分國界的！

也許有人會認為，在這傳統與現代之間，必有無法調和的衝突之處，我又如何面對呢？其實，我從不認為這兩者之間會有相互矛盾或衝突之處，任何一種藝術品都有其共通之美，而其中蘊含的不同文化特色，正足代表那個民族的特殊之處，傳統的彩繪與現代美術作品，正是兩類截然不同的作品，正因其不同，我們才能在彩繪中，體認先民的精神與生活狀態，它的價值，除了美之外，更在於它所蘊含的特殊文化表徵。當然，時代的快速進步之下，傳統的美術、工藝與文化，面臨了難以持續的大難題，導致這個問題的因素頗多，例如政府政策的不當、教育的偏頗以及社會的畸型發展，讓戰後的台灣人擁有最好的知識教育，卻完全缺乏生活教育，終造成今天這個以金錢論成敗，從不考慮精神生活的社會型態。

過去，也有許多的專家學者，對這個病態的社會提出不少頗有見地的意見，但我一直認為，任何一個正常的社會，必要擁有正常的文化。台灣光復以來，政府當局全力追求經濟建設的成長，卻不顧文化水平一直在原地踏步，直到近幾年，有關單位似乎也較積極地從事文化建設；只是，當中共的廣東省政府，花了兩億美元整修一座五落大厝，成為一座古色古香的廣東地方博物館時，台灣的左營舊城門才剛剛被毀，半毀的麻豆林家也被拆遷，這樣的文化建設又怎能談得上什麼成績呢？

在這種種難題與僵局之下，要重振傳統文化，重新獲得現代人的肯定，甚至立足在世界的舞台上，就不能光靠政府的政策與態度，而是我們每個人都有責任付出關心與努力，用現代化的方法與現代人的觀點，提昇傳統文化的品質，再締造本土文化的光輝。

●

從開始收藏第一尊布袋戲偶起，彷彿便註定我將走上這條寂寞卻不會後悔的文化之路。

過去那麼多年前，只是默默地收藏一些珍貴的文化財產，我當然知道，光如此是不夠的，但直到今天，時機稍稍成熟，才敢進行下一步的計劃。這個計劃，大概可分為三個部份：一是成立出版社，二為創立臺原藝術文化基金會，三則創設臺原傳統戲曲文物館。

臺原出版社成立的目的有二：一是專業台灣風土叢刊的出版，這是一套持續性的計劃，計劃每年分三季出書，每季同時出版五種台灣風土文化的叢書，類別包括：民俗、戲曲、音樂、歷史、工藝、文物、雜俎、原住民族等大類，每本書都將採最精美的設計與印刷，用最通俗的筆法，喚醒正在迷茫與游離中的朋友，讓更多的朋友重新認識本土文化的可貴與迷人之處。我深信，只要持之以恆，所有努力的成績不僅將獲得關愛本土人士的肯定，更將贏得國際間的重視；二為出版基金會的專刊，臺原藝術文化基金會成立之後，將有計劃地整理台灣的傳統藝術之美，諸如戲曲之美、偶戲造型以至於建築、彩繪之美……等等。

至於基金會與博物館的創立，則是我最大的目標，這兩個計劃其實是一體的，博物館只是基金會的附屬單位，主要的功用在於展示基金會所收藏的文物與美術品；至於基金會本身，除了推廣與發展本土文化，定期舉辦各種研習營與表演、演講，更將策劃舉辦各種世界性的文物交流展，目的除了讓國人有機會打開更廣闊的視野外，更重要的是讓本土文化立足在世界的舞台上。

讓本土文化立足在世界的舞台上，不僅是臺原藝術文化基金會與出版社努力的目標，更是每個關愛本土文化人士最大的期望，不是嗎？唯有如此，才能重拾我們失落已久的自尊！

（本文獲選入《一九八九年海峽散文選》）

展現民間信仰的豐美

——序《台灣民間信仰小百科》

劉枝萬

台灣的民間信仰，就是自古以來，流傳於漢族系移民社會中，而賦有豐富地方色彩之日常信仰。

惟我先民，冒險渡海，來到台灣，辛苦經營，迨開拓就緒，以至定居，形成另一新社會後，其信仰也為適應環境、逐漸變容，既非閩粵故土之延長，自不待言。亦即因為台灣是一個孤懸海島，一些古老的信仰乃至巫俗，很容易被保存下來，自然成為民間信仰之絕好研究對象。

按清代方志，各書對於寺廟建置沿革以及若干信仰習俗，雖均有記載，但概過於簡略。迨日治後，為配合其宗教政策，經明治年間之放任時期，至大正年間，始見全面調查工作之展開，到昭和年間之彈壓時期，專書逐漸問世，可惜資料多毀於兵禍。

二次大戰後，民生困苦，百廢待興。後來，雖然各地成立文獻委員會，蒐集史料，以備修志，然而從事是項工作者，究竟寥寥無幾，從而其成就也有限。

近年來，隨鄉土意識之昂揚，台灣研究風氣大開，潮流所趨，民間信仰之調查與研究，亦漸被重視，新秀輩出，水準愈高，實為可喜現象。

茲劉還月先生繼《台灣歲時小百科》之後，涉獵先人著作，並加田野調查所得，再接再勵，編成本書。觀其項目，相當廣泛，記述適當，深入淺出，是為一部雅俗共賞之有用工具書也。聊述數語為序。

兩本企劃書

——《台灣民間信仰小百科〔醮事卷〕》代自序

認識我的朋友，大多知道我從事文化工作與文化運動，為了這些工作，我經常要寫一些企劃書，甚至經常還會有些朋友，要我代為企劃一個活動或運動，而我這個文化人，常常就這樣不自主地成為半個企劃人。

做一個企劃人，原本是我青年時代的一個理想，當時從事的以商業性的企劃為多，有一段時間，甚至專門替人寫房地產的企劃，賺了不少錢，離開廣告界的時候，卻也一文不名，雖然如此，那幾年的企劃訓練，對於往後策劃活動，構築計畫，甚至田野工作的提案，都有相當大的幫助。

一九八六年，我辭掉固定的工作，決定全力投身常民文化的田野工作時，馬上就面臨了幾個重大的問題：我到底要做什麼？計畫要怎麼執行，經費要如何取得？計畫完成之後如何發表？……千頭萬緒的問題，讓我很快沈靜下來，埋首撰寫《台灣民俗百科田野調查暨整理計畫報告書》。

台灣民俗百科的全案企劃

可以算是我第一個正式田野調查案的《台灣

民俗百科田野調查暨整理計畫報告書》，計分〈前言〉、〈台灣民俗研究的濫觴與滄桑〉、〈整理台灣民俗百科的重要性〉、〈工作內容與計畫〉、〈經費預算及申請支援草案〉等單元，第一及第二單元，主要是談民俗的定義與過去台灣民俗的概況，其中主要的內容已整理成〈田野是民間文化的母親〉，作為《台灣歲時小百科》的結案報告，比較有意思的是〈工作內容與計畫〉部份：

編寫台灣民俗百科的用意既是為了詳盡記錄當代人民的生活風貌，做為文化傳承的基石，在內容選材上至少需做到包羅萬象，深入淺出的地步，其大致的內容包括：

一、禮俗：包括現階段人民生活中的宗教、信仰、社交禮俗等。

二、俗信：包括人民生活中所信仰的宗教，神祇以及因迷信而生的各種習俗、生活態度等。

三、文物：包括衣、食、住、行所使用的各種器物以及傳統農業社會留傳至今仍可見到的生財器物。

四、婚喪慶典：以現行婚喪喜慶的禮俗、習慣為主，詳盡記載人民生、老、病、死所行的各種禁忌習俗。

五、歲時節令：儘管工商社會以來，多數人民對歲時節令已相當淡視，但其間仍某些保留古風或新創之處。

六、日常生活：包括住宅、家庭狀況、服裝、裝扮、食物……等項。

七、工藝：包括民間藝品，生活日常使用的工藝品以及手工藝等。

八、雜藝：包括特殊的行業以及罕見的技藝，諸如乞丐、說書……之類的。

九、特產小吃：包括具有地方風味的小吃以及新興農業特產品等。

十、藝陣：包括迎神賽會常見的藝閣和各式陣頭、武術……等等。

十一、戲劇：包括大戲、偶戲、雜耍小戲以及各類新劇種等。

十二、歌謠：包括各種傳統音樂、地方歌謠以至於流行歌曲等。

十三、俚諺語：包括現今台灣能聽到的各地俚語、諺語以及代表地方色彩的笑話、故事等。

十四、民間傳說：包括民間盛行的雋永傳說以及各氏族的發源傳說。

十五、地名：以古今對照的方式，介紹全台各地有意義或有趣的地名。

十六、遊戲娛樂：包括成人及小孩的各種遊戲以及謎語等。

十七、其他：包括各種奇風異俗、奇事怪談以及上述無法包羅之台灣民俗。

至於工作計畫，大致可分為兩個階段，一是資料的蒐集與整理，二是文稿的撰寫與編輯。

資料的蒐集可分為兩個方向進行，一為各種出版品、雜誌與報紙等，過去的各種出版品，雖多為專門性質的論述，資料有甚多重覆之處，但仍可從中找到所需的內容，比對考證出最正確的資料；雜誌與報紙的資料更為零亂，必需先做好細目的分類整理，並編好目錄，以便參考使用。除此外，更重要的便是全面性的田野調查，詳實的田野調查除了可補充別人遺漏的東西，考證現成資料外，更可拍下照片，革除過去民俗研究缺乏圖片佐證的弊病，確實地掌握現況，為這個時代留下最重要的見證，因此，田野調查工作才是資料蒐集與整理的重點。

第二階段的撰文與編輯，雖屬靜態的工作，但在進行這階段工作的同時，仍需隨時掌握新的資料，並進行拜訪耆老的工作，反覆求證，以求最高的正確度。撰稿的體例首求統一，以條文的方式處理，每條約在一百至三百字間，扼要述明各種俗稱、源流、在台發展軌跡、功能、意義與現況等項。編輯時，隔條或每三條間，必有一條配圖說明，同時盡可能做好分項、分類編輯與目錄，並需附筆劃序及類別序的兩種索引，以方便查閱與使用。

整項工作的流程與進度，目前個人已陸續做了下列幾項：

一、圖書與報章雜誌的收集：目前已擁有有關的圖書四百冊左右，同時正著手整編雜誌資料二十冊，報紙資料五十冊，這些工作將持續下去，以求盡善盡美。

二、田野調查工作：早在兩、三年前便斷斷續續做過一些，但因限於時間及經濟問題，成效並不怎麼理想，因而於一九八六年年八月初辭去原《自立晚報》〈小說版〉主編工作，全力投注田野調查，目前已完成屏東恆春、滿州及高雄美濃、旗山、岡山、田寮、阿蓮等地區的調查，並拍下三十幾捲底片。

第二階段的撰文，預計在半年後開始進行，限於目前的人力與財力，暫時只能以六千條為限，分兩年完成，撰寫同時，將尋求報紙或雜誌以連載的方式每日刊登，所得稿費可補充工作基金，同時更可廣徵異見，做為修正參考之用。編輯工作所需工作人力與財力更鉅，絕非個人能獨立完成，目前只得等所有工作告一段落後，再視當時的情況進行。

所謂「初生之犢不畏虎」，在上述的工作計畫中大概可以看出一點，其中最經不起考驗的大概是兩年內要完成六千條台灣民俗百科，如今，實際的成果是：八年總共完成《台灣歲時小百科》五百餘條，《台灣民間信仰小百科》一千餘條，除此外，其他項類的工作尚待進行中。

雖然只是這樣的成績，卻是我這些年來，有一部份時間被平埔族計畫佔用以外，全力以赴的成果。

關於民間信仰小百科的企劃

其實，不真正地下田野，很難想像實際工作的困難，這其間的風霜波折，絕對足以寫另外一本書，如果再加上克服困難、解決問題的經過，也許還可以成為「現代青年勵志故事」，不過這些都是其次的，最重要的是，這八年的工作成果，除了一九八九年結案的《台灣歲時小百科》之外，能呈現什麼樣的東西給每一位朋友？

一九九二年，《台灣民間信仰小百科》的主體工作已告一段落，我又寫了一本企劃書，向主管文化的政府部門尋求補助，獲得的回應是可想而知的。不過這本企劃書倒也比較具體地闡述了《台灣民間信仰小百科》的特質與優點，企劃書分：〈前言〉、〈整理台灣民間信仰小百科的重要性〉、〈台灣民間信仰小百科主要特色〉、〈台灣民間信仰小百科內容概述〉、〈贊助出版草案〉、〈提案申請人簡介〉等項，前面四項也可以說是這些年來，我在工作中深刻的體會與認識，特抄錄於後，也許可以做為有心的朋友們參考：

一、前言

台灣戰後以降，本土的研究由於受到強烈的政治干預，一直都沒有正常的發展空間，本土的文化更在政、教不當的干預下，模糊了原有的面目。不只全台灣的人文精神解構，更逼使常民文化走上低俗、墮落的路上，衍生許許多多的社會問題。

九〇年代以降，台灣的政治生態蛻變，本土化的呼聲漸高，本土文化自主性也愈受到重視，甚至，如何建構本土文化的新精神，已成朝野各界共同關注的焦點。

建構本土文化的新精神，唯有從重新整理舊有的文化遺產做起，再透過瞭解、認知，讓文化重新回到人民的生活中，才有可能真正建立代表台灣精神的本土文化。

台灣的民間信仰，為本土文化中發展最蓬勃而迅速的一項，主要的活動包括：各地定期舉行的迎神賽會、大規模的祈安建醮醮典以及十方善信不定期的寺廟巡禮等。根據統計，一九六〇年全台灣的寺廟不過四千二百座，而今已超過一萬二千座以上。民間信仰發展迅速的原因很多，社會進步、生活安定，都是主要因素，但更貼切的原因則是民眾尋根的鄉土情懷，或是一種趨向追求現世安全感的民族性表現。台灣民眾終年辛勤，為求三餐的溫飽而努力奮鬥，大多不太關心政治，卻對自身與地方的安危十分關切，這種心理傾向很自然的使人投射於傳統宗教中，因而促使了民間信仰蓬勃發展。

然而，在西方文化強勢入侵之下，民間信仰過去一直被認為是一種迷信，或是低下階層的文化，在全盤西化教育模式下成長的年輕一代，更普遍先入為主地斥為落伍的東西，長期的謬誤觀念，終導致民俗淪為落伍或懷舊文化的一環，遭受執政當局刻意壓抑它的發展。

簡單的說，民俗約可做以下三點歸納：一、為一種反覆運作的習慣，並且已被類型化與集團化；二、帶有相當顯著的實踐性，並落實在生活中；三、因地域的不同而繁衍出顯著的特殊性。上述的幾個特性，正說明民俗乃是依附人民的生活、習慣、情感、信仰而生的文化，它雖只是一種原始而純真的基礎文化，卻是繁衍精緻文化的酵素。因此，民俗可說是一切文化的根源，任何一個精緻文化發達的社會，必然也等量齊觀蘊藏著地域性或豐富情感的民俗文化。

二、整理台灣民間信仰小百科的重要性

八〇年代以降，由於社會的富裕與繁榮，台灣人體會到休閒娛樂的重要，開始積極地追求休閒生活，除了傳統式的本土旅遊或出國觀光，更多的人迷醉於感官的聲色娛樂中，另有一批懷抱著好奇與理想的學生或年輕一代，則清楚確認本土文化的重要性，對民俗廟會產生相當大的興趣，尤其是較著名的迎神賽會，如大甲媽祖廟南巡、南鯤鯓五王祭、西港送王船、平埔夜祭、東山迎佛祖……等等，吸引了愈來愈多的觀眾，可惜大多數的人除了看熱鬧，對於其中所代表的精神與意義，卻一概不知道，每每被引為憾事。

長久以來，民間廟會蘊含的珍貴文化資產，一直因人們的疏忽或其他原因，被有意無意地壓抑著。學校裡的教育只教導西方世界和中國的風土民情，對本土的文化卻甚少提及。這種種的隔閡，無怪一般人會用迷信或低俗的態度視之。因信仰而衍生的迎神廟會，無可諱言地是有迷信的成份，然而這絕對不是台灣民俗的精神。繁富多彩的民間信仰中，無論是迎神賽會、或隆重莊嚴的祭祀醮典，每種儀式、每個步驟、每項環結、甚至於每件器物，都有特別的精神與意義，而這些都是先民生活經驗的累積，蘊藏著無盡的智慧。

豐富而可貴的民間文化，原該是這個時代每一個人共有的資產，可惜過去四十年來，研究台灣民俗的人不多，少數的專家學者又只做紙上研究的工作，不肯深入民間作田野調查，以致學問虛而不實，更遑論激起一般民眾的興趣；對有心想深入研究的人來說，很難找到完整

的資料可以實地比對。

如何呈現民間信仰的精義，如何引導一般民眾建立正確的了解，正是申請人一貫努力的方向。此外，申請人希望能帶動出版「台灣基礎文化工具書」的風氣，一方面供有心人做為參考、使用及比對，更希望為歷史留下我們這一代的民間信仰記錄。

申請人考量個人的能力與時間，決定分成歲時、民間信仰、生命禮俗、民藝文物……等方面分別進行。其中《台灣歲時小百科》已於一九八九年完成出版，廣受各界好評，被譽為「台灣人的生活史」（葉石濤語）。第二階段的《台灣民間信仰小百科》，也已調查撰寫完成，計畫出版中。

三、《台灣民間信仰小百科》主要特色

《台灣民間信仰小百科》的立意，乃為詳盡記錄當代台灣民間信仰的現象與風貌，做為文化傳承的基石。為求精準，申請人實際進行田野調查；為了通俗，以分則的方式撰寫，每則約二至三百字，都配有一張圖片，分門別類地介紹民間信仰每個項類的點點滴滴。

《台灣民間信仰小百科》以福佬信仰為主，客家禮俗為輔，從線香、四果到廟神、辟邪物，從進香、繞境談到法器、儀式，再從童乩、師公說到王船、醮事，林林總總，大體囊括了民間信仰所有重要的問題。

這本精心規劃的民間信仰工具書，至少具備以下五大特色：

1.基礎紮實，取材廣泛：作者投注八年時間，從事調查與撰寫，蒐羅近一千則台灣民間信仰的現象、活動與事務，取材從南到北，不僅列出共通點；相異之處也有清楚說明。範圍包括福客，各族風情完整呈現，為台灣第一部全面性的田野調查鉅著。

2.承先啟後，詳實報導：作者繼承日本人研究台灣民俗的熱忱，以及戰後黃得時、吳瀛濤、劉枝萬等前輩整理台灣民俗的基礎，以優美的文字，詳實地記錄當代民文化現象，所列舉的項目均極具有代表性，最能反映當代台灣民間信仰風貌。

3.重視問題，探討現象：作者跑遍台灣大城小鎮，深入民間採訪第一手資料，全書二十餘

萬字，不僅有實況的報導，更以敏銳的觸覺，針對問題探討現象，已超越一般浮面報導作品的成績，而是一本既可查閱、又可供大家思考、反省與檢視民間文化的重要著作。

4.肯定文化，批判迷信：台灣民間信仰有許多珍貴的常民文化，蘊含著豐富的內容與精神，作者一一提出加以肯定，但對迷信的部份，則有直接的批判，以期為台灣常民文化，找出真正的精神所在。

5.民俗本位，人文切入：本書以社會學、民俗學為根基，以人文的角度切入，使內容不致於艱澀難讀，又不流於濫情，公正公允地探討民間信仰問題。文字淺顯易讀，圖片清晰精美，可讓讀者清楚比對，一目了然，提高讀者的興趣，進而深入瞭解本土文化的價值。

四、《台灣民間信仰小百科》內容概述

《台灣民間信仰小百科》以條目的方式撰寫，並附有圖片佐證，每條大多包括名詞解釋、信仰緣起、發生地區、時間、目前狀況、功能、意義、以及問題探討，是一本相當豐富、多樣的工具書，以性質區分，可分成以下十四項類：

1.歲時節俗：從春聯、門前紙、四季籤、拜天公、頂桌、下桌、迎燈、土地公戲、到普渡搶孤、孤棚、賽豬公、立冬進補、潤餅、吃團圓桌、完神……完整的敘述一年四季的信仰習俗。

2.迎神廟會：包括進香、刈香、繞境、出巡……以及香陣的組成，如路關、香擔、開路鼓、保駕方旗、涼傘、班役、大轎、四轎、手轎、隨香燈、香旗、接香……等現象與器物。

3.宗教組織：民間有許多為祀神而組織的團體，如信仰圈、祭祀圈、神明會、祖公會、共祭會、父母會、祭祀公業……等等。

4.金銀冥紙：神鬼祖先使用的紙錢各不相同，如天公金、頂極金、壽金、五色紙、刈金、庫錢、土地公金、大小銀紙、床母衣、甲馬、經衣、金銀袋、大福金、買命錢、白虎錢……等，每一種的型式、用法都有一定的規矩。

5.廟神：由廟的性質（如祖廟、元廟、人羣廟、角頭廟等），到所祭祀的廟神（如主神、

開基神、鎮殿神、同祀神、配祀神、協祀神、行政神、司法神、自然之神……等）；還有廟神飾物（如八仙綵、桌裙、神衣……等等），以及廟宇結構（正殿、拜殿、後殿、龍虎門、山門、鐘鼓樓……等等）。另有神像的派別，神像的製作等相關事物都有深度的探討與說明。

6.法事：法師吹著龍角，手搖法鈴，口中唸唸有詞，即在作法事，內容包括解厄運的改運生肖，祛病祈福的祭送祟神和驅邪，為夭折的孩子討嫁與討嗣，驅邪祛魔的貢王與調營，求生男生女的栽花換斗，安置亡魂的落地府，或為天災祈雨，為婚姻祈緣，除孽解厄的豎符，祭土煞，脫身，保住胎兒的安胎，通陰的牽亡，還有祭路，壓火煞，趕水鬼，安神位……等等不勝枚舉的法事，都是常見的俗信，也是民間最常用來祛病祈福的法寶。

7.醮典：醮典是台灣民間最重要的祭祀活動。書中完整介紹醮典的形式、儀禮、樣貌、用意，如祈安清醮、慶成醮、水醮、火醮、羅天大醮、九皇醮、神明誕醮、王醮、圓醮……等醮典，醮場內的三清壇、三官壇、及其他神祇，像大士爺、六獸山、四大元帥等，還有斗首、四大柱、斗燈、醮旗、燈篙和其配件，以及為鬼魂暫時歇息的特殊紙紮建物，如同歸所、寒林所、先賢亭、經衣山、沐浴亭、褒忠亭、男堂、女室、產房等。此外，豎燈篙、謝燈篙、解結赦罪、送壇主安座、燃放蓮燈、登台拜表、巡筵、敕水禁壇、祝燈延壽、安奉灶君、發表啓請等科儀，都有深入淺出的敘述和解說。

8.祭禮：包括春秋二祭、王船祭、家族祭、宗廟祭典、二朝法會、三獻禮、九獻禮、釋奠大典、和普施法會。此外，對祭品、牲醴及陪祀物，都有詳細的介紹。如王船祭中的王駕、馬鞭、眾兵馬、買路錢、開水路、遷船繞境、送王船、遊地河、遊天河、打船醮、點兵將、和瘟……等。

9.童乩巫醫：童乩的修法以及所使用的法器，一直是個神秘的世界，如七星劍、銅棍、刺球、鯊魚劍、月斧等五寶，巫術表演則有調五營、過火、煮油、解運、睏釘床、坐釘椅、爬刀梯、過釘橋，都值得探討。其他的靈媒人物，如八家將、師公、巫醫、尪姨，及替民眾解惑的地理師、看日師、算命師等，和他們使用的籤卦種類：如米卦、鳥卦、龜卦等等，都完整收錄其中。

10.道士：詳述道士的派別、服飾以及使用的法器，如法繩、鉚、笏、帝鐘、龍角、淨水鉢、降魔遮穢物、法尺、烏鑼、柳葉、木魚、法鼓、法刀、法印……等等。

11.民俗厭勝物：指民眾為驅邪納福而用的厭勝且制勝的東西，如風獅爺、石敢當、倒鏡、劍門、劍獅、太極八卦牌、照壁、瓦𤭛、山海鎮、麒麟牌……等，對其形貌和用途，都有詳細的文字描述和清晰的圖片可資比對。

12.戲曲：以民俗賽會常獻演的酬神戲為主，例如布袋戲、皮影戲、傀儡戲、歌仔戲、亂彈戲、南管戲、子弟戲、四平戲、高甲戲……。

13.藝陣：藝陣是藝閣與陣頭的合稱。藝閣分藝閣、車閣及蜈蚣閣，陣頭種類繁多，大致分成三大類：

(1)宗教陣頭：如宋江陣、醒獅團、獅陣、龍陣、十三太保陣……等。

(2)小戲陣頭：如牛犁陣、車鼓陣、布馬陣、桃花過渡、跳鼓陣……等。

(3)趣味陣頭：如公揹婆陣、鬥牛陣、雙生陣、電子琴花車……等。

14.平埔族：平埔族是台灣一支獨特的族羣，雖然整個民族已被漢化，但是仍保留一些遺跡與文化，如公廨、阿立祖、壁腳佛、番太祖、祀壺、番婆鬼、牽曲、嚎海、响水、巴律令、放蠱、作响、除瘟舞……等，這些文化早已被併入漢文化體系中，彼此難以清楚分捨，是故特別收錄於書中。

如今，隨著《台灣民間信仰小百科》的結案，這一切也將同時交付給整個社會來公斷，我承認，兩本企劃書中雖有些自吹自擂的成份，但不同時代，不同狀況以不同條件下完成的這兩個企劃，至少可以說明我對這份工作絕對虔誠的心態。

讓我們在另一個戰場相逢

對於我而言，人生最美好的是不斷地完成自己。

向來，我不喜歡流連在同一個戰場，為同一個或勝或敗的戰功、驕傲或者沮喪，我必須離開，尋訪下一個目標，在未來的時空中，扮演好自己的階段性角色。

《台灣民間信仰小百科》以至於《台灣歲時小百科》的好好壞壞，真的只能任憑朋友們批評了，而我，把兩本企劃書一併交出來，除了交心，也為個人生命史上第一個重大工程的告一段落，留一點紀念，如果，這樣的成績單，對常民文化的基礎工程重建工作，有一點助益，那當然是竊喜不過的了！

當然，我們的戰鬥還沒有結束！

請千萬和我一同珍惜這塊土地，珍愛每一份人文資產，而在明天，且讓我們在另一個戰場相逢！

關於作者

●文化工作者時期的劉還月。

劉還月，本名劉魏銘，一九五八年生，台灣新竹客家人，第十四屆吳三連獎報導文學獎項得主。曾任廣告公司企劃、《自立晚報》〈生活版〉主編、《三台雜誌》總編輯、現任臺原藝術文化基金會總幹事、臺原出版社總編輯、台灣常民文化田野工作室主持人、台北縣政府鄉土教材編纂指導教授，另兼多齣公共電視節目企劃或顧問工作。一九八四年起，專事台灣民俗田野調查。曾獲王育德紀念研究獎、教育部文藝獎、台灣之美攝影金牌獎、台北西區扶輪社職業成就獎、梁實秋散文獎及國內各媒體散文、報導文學獎等多項文學獎。

年輕時，熱愛藝文創作的劉還月，於一九八〇年替「黨外」助選以來，便回到本土的領域上，以闊氣經營生命，以殘酷面對自己，每一個生命過程都定下目標，並堅持完成自己。十餘年櫛風沐雨的田野工作，成績斐然，被譽為台灣常民文化的旗手！

在出版著作方面，重要成績包括：

一九八六年　台灣民俗誌
一九八七年　回首看台灣
一九八八年　旅愁三疊
一九八九年　台灣土地傳
一九八九年　台灣歲時小百科（上下兩卷）
一九九〇年　變遷中的台閩戲曲與文化（與林經甫合著）
一九九〇年　台灣的布袋戲
一九九〇年　台灣札記
一九九〇年　台灣生活日記（徐仁修合著）
一九九一年　台灣民俗田野手冊
一九九一年　台灣的歲節祭祀
一九九一年　瘖瘂鶴鳴
一九九二年　台灣傳奇人物誌
一九九三年　南瀛平埔誌
一九九四年　台灣民間信仰小百科（全書共五卷）

重要的個人研究計畫，則有：

一九八四—一九八八年　台灣歲時小百科田野調查（長年性計畫）
一九八七年　三峽祖師廟慶成祈安清醮醮典田野記錄
一九八七年　桃園平鎮福明宮祈安清醮醮典田野記錄
一九八七—一九九二年　台灣民間信仰小百科田野調查（長年性計畫）
一九九〇年　基隆市政府委託「雞籠中元祭祭典科儀」田野研究報告案
一九九二—一九九七年　台灣生命禮俗小百科田野調查（長年性計畫）
一九九二年　台南縣文化中心委託「台南縣西拉雅族歷史與文化」田野調查案
一九九三年　屏東縣文化中心委託「屏東縣境平埔族羣」田野調查案

每一座高峯，都是用無數土石堆積起來的！

——《台灣民間信仰小百科》的特別謝誌

《台灣民間信仰小百科》的完成，雖然名譽歸我個人所有，然而，所走過的每一步，其實都有太多的朋友拉我一把，助我一臂之力，其中最多的是田野現場中的報導人，八年下來，累積了四、五百位之多，長期承受各界朋友們的大愛，却無法一一詳列他們的名字，僅能在此表示我最深厚的謝意。

一九八七年起，沒有第二句話便全盤接受《台灣歲時小百科》的《民眾日報》副刊，也同樣接納了《台灣民間信仰小百科》，一直到出書之際，這個專欄仍存在於報紙版面上，這麼多年了，《民眾日報》副刊先改稱文化版，今稱鄉土版，最初的主編吳錦發先生高昇言論部，換由張詠雪小姐主編，但這些滄海桑田，並沒有改變他們對我的支持，在這裡，我要特別謝謝兩位主編：

吳錦發先生

張詠雪小姐

此外，《自立晚報》的林文義先生，《台灣時報》的王家祥先生，對這些小稿的支持，也值得記一筆。

百年難得換來的好友黃文博，這麼多年來，

不只提供了我一切的方便，更毫無怨言地替大部份的文稿做最辛苦的校訂工作，他的學識與見聞令我贊佩，但有些由於個人觀點的差異以及後來補寫的部份，未及請他過目，若有錯誤，責任完全在我，在此，我必須再一次寫下他的名字，以示最真摯的謝意：

黃文博先生

踏入常民文化研究的領域以來，一直受到許多師長及朋友的教誨，事實上，他們的研究成果，更是我學習模仿的對象，而今，趁著出書之際，特別請他們寫此評論的文字，一方面能給我一些參考，同時也做為紀念，在此，我必須慎重向他們致謝：

劉枝萬教授

李　喬先生

阮昌銳教授

董芳苑教授

黃文博先生（按年齡順序）

最後，還是要謝謝您！

謝謝您喜歡這套作品，謝謝您疼惜台灣、疼惜我們所擁有的一切！

〔醮事卷〕分卷說明

一、本書所涵蓋的範圍，以台灣和澎湖羣島為主，觸及的族羣，則以福佬、客家為主體的漢人；原住民部份，僅錄平埔族部份，餘因無力研究，全部放棄不錄，特此向原住民朋友致歉，期望有人可全力進行原住民風土民俗的研究。

二、本書所探討的問題與介紹的現象，乃指一九九〇前後三年為準，然則民間信仰最易受到外力影響而改變，加上南北各地本就有許多歧異，因而若發現實況和書中記錄的不同，當以現實的狀況為準。

三、台灣的民間信仰，本就具有自由發展與多元創造的特色，同一個祭典，南北各地可能就有天壤之別，再者各地也常有特殊的信仰行為，因而台灣民間信仰的項類何止千萬條，但受限於本人研究功夫未逮，僅能記錄這套書所有的內容，唯恐遭不明究裡的人士誤認此為民間信仰的全部，在此特別鄭重聲明：

書中所列僅為個人所知的範圍，並不能涵括所有的台灣民間信仰。

四、〔醮事卷〕所收錄的，包含醮祭種類、醮場設施、醮祭科儀、送王船大典與法場設施等單元，醮祭種類討論的以台地各種醮事祭禮等，包括醮典、法會以及法場祭儀等，但民間有一部份祭典，並不需要特別請道法術士或靈媒來主持，這部份的祭禮，乃和歲時節俗一併置於〔節慶卷〕中。

醮場設施包括的項類，以祈安、慶成醮及王醮所見的設施為主，惟普渡科儀，在七月中元祭中，也相當受重視，因而有些七月普渡特有的設備，如七星燈篙、堡燈、血轆、水轆等，都放在〔節慶卷〕，有興趣的朋友不妨比對參考。

醮祭科儀乃分門別類詳述每一個科儀，從開燈引鼓到謝燈篙，內容大體完整，但南北各地醮祭差別頗大，科儀增刪相當普遍，並不是一種醮中的每個科儀都會舉行，也可能有些醮中的科儀，並未列於書中。醮祭法會的佈置設施雖收錄於本卷中，然而道法術士的衣服僧冠卻收錄於〔靈媒卷〕中，實乃篇幅過鉅使然，有勞朋友們兩卷並列閱讀使用。

送王船為台地相當特殊的民俗活動，有些送王船法會，並不舉行王醮，已形成一獨特的祭典儀式，因而特別整理成獨立的單元，供有興趣的朋友參考。

法場一般民眾較少有機會接觸，這個領域對研究者而言，也是個相當困難的課題，書中僅列部份陳設及特殊祭品，常見的法事則置於〔靈媒卷〕，惟不足之處必然甚多，希望以後有機會還能再補。

五、本書所引用之書目，全部直接標示於內文中，且參考引用之書目甚多，佔用篇幅過鉅，為節約篇幅，全部省略不列，特此說明。

台灣民間信仰小百科〔醮事卷〕

劉還月／著

讓傳統文化立足世界舞台／林經甫（勃仲）／3
——《協和台灣叢刊》發行人序
展現民間信仰的豐美／劉枝萬／7
——序《台灣民間信仰小百科》
兩本企劃書／9
——《台灣民間信仰小百科〔醮事卷〕》代自序
關於作者／20
每一座高峯，都是用無數土石堆積起來的！／22
——《台灣民間信仰小百科》的特別謝誌
〔醮事卷〕分卷說明／24

輯一 醮祭種類

道法之術／38
道場／39
祭祀法會／40
禮斗植福／41
九皇齋戒法會／42
醮祭大典／44
祈安清醮／45
慶成醮／47
羅天大醮／49
王醮／50
圓醮／52
神明誕醮／53
中元醮／54
秋收醮／55
水醮／56
火醮／57
開光醮／58
海醮／59
漁醮／60
牛瘟醮／62

雷公醮／63
陰醮／64
醮期／65

輯二　醮場設施

醮典的準備／68
道士團／69
搭外壇／70
醮壇／72
五大壇／74
豎燈篙／75
燈篙／76
天布與地巾／78
天燈和地燈／80
天地錢／82
蜈蚣旗／84
醮旗與幡頭／85
鑑醮／86
排壇／88
道士房／89
香辦房／90
監齋使者／91

目錄

三清壇／92
四府／94
四方神／95
三界壇／96
斗燈／97
斗燈的設置／98
斗燈傘及斗燈籤／99
斗燈十二寶／100
文斗燈／101
斗首／102
四大柱／103
珠簾與疏牌／104
科儀桌、經桌、天公桌／105
四大元帥／106
六騎與八騎／107
山神、土地／109
天師、北帝／110
青龍、白虎／111
經童、讖童／112
表官和表馬／113
疏文／114
天香鼎／115

三官亭／116
褒忠亭／117
六獸山／118
六畜山／119
幡頭與虎牌／121
招魂幡／122
大士爺／123
大士山／125
神虎爺／126
金山、銀山／127
經衣山／128
寒林所／129
同歸所／131
先賢亭／132
沐浴亭／133
更衣亭（男堂、女室）／134
五方童子／135
平安軍／137
安鎮壇符／138
狀元府／139

輯三　醮祭科儀

科儀／142
開燈引鼓／143
入壇步罡／144
開香稽首／145
皇壇奏樂（大鬧皇壇）／146
發表啓請／147
封山禁水／149
送壇主安座／150
安奉灶君／151
解結赦罪／152
祝燈延壽／154
四朝科儀／155
雲廚妙供／156
外壇獻敬／157
分燈捲簾／158
開啓禮聖／159
勅水禁壇／160
燃放蓮燈／162
洪文夾讚／164
催關渡限／165
文昌科儀／167
發文掛榜／168

榜文／169
施放水燈／170
水燈排／171
水燈頭／173
慶成奠安／174
登台拜表／175
降旗開普／177
普施燄口／178
肉山／179
五色山／180
鮮花山／181
看牲／182
看碗／184
佛手與佛圓／186
插香與插旗／187
賭具與奶瓶／189
半生菜／191
洗臉水／192
灑孤淨筵／193
收普化紙（大士出行）／194
勅符送神／195
謝燈篙／196

輯四　送王船大典

送王船／198
王船與神船／199
王船十三艙／200
廁所與畜舍／201
救王船／202
桅和帆／203
錨和缸／204
水手／205
鯉魚旗／206
王令／207
王船廠／208
取䑺與造䑺／209
請䑺與安䑺／210
造王船／211
安樑頭、崁巾及龍目／212
紙糊王船／213
守更／215
王船出廠／216
下碇暫泊／218
王船安座／219

造衙門／220
衙門與王府／221
瘟王令／222
旗牌官／223
中軍府／225
總趕所／226
班役規條／227
警告牌示／228
案公、書辦與內外班役／229
內司與班頭／230
請王／231
代天巡狩／232
登殿安座／233
升堂／234
開印諭告／235
掛牌／236
查夜／237
祀王／238
開水路／239
遷船繞境／240
添儎／241
宴王／242

和瘟／243
點添儎／244
點兵將／246
眾兵馬／247
拍船醮／248
押船旗／250
封艙／251
王船出行／252
買路錢／254
王船地／255
請神登船／256
升帆／257
辭職叩別／258
引火（自動發火）／259
搶鯉魚／261
遊地河／262
遊天河／264

輯五　法場設施

法場／268
芻像／269
枉生和壽生／270

天門鬼路／271
四生／272
六道／274
靈厝／276
金童玉女與白馬／277
產房／278
蓮花台／279
論功行罰府／280
陰狀元府／281
登雲路、昇天橋／282
亡靈船／283
法舟／284
四生六道船／285

索引／②

1／醮祭種類

道法之術

台灣的民間信仰中，是一個融合多種宗法與教派，又受特殊的海島地形，以及外來統治者影響，發展出的特殊信仰，其中受到道教的影響最深，民間多數的祭禮儀法，基本上都襲自道教而來，其中以道法之術，承襲最多，影響既廣且深。

所謂道法之術，乃指道家常行的諸法，「如經法、懺法、方術、齋醮、符咒、禁咒、乘蹻、變化、隱遁、驅邪、祛瘟、攝魔、降妖、消劫、禳災等法，通稱為道法。」（李叔還《道教大辭典》），《三洞羣仙錄》又說：「精通道法，濟度羣生。」顯見道法乃是道教濟世度生最重要的法術。

台灣的道法術士，因受其他宗教及環境的影響，發展出多種變貌，有童乩巫覡法術的部份，在本套書〔靈媒卷〕的部份已有詳細介紹，本卷僅就道教的道場、法場以及醮祭部份，一一細述以供參考。

●台灣的醮祭種類繁多，南北差異頗大。

●道場乃指舉行禮斗醮祭的場合。

道場

民間的祭禮儀法中，由於目的與對象的差異，分為道場與法場兩大類。

道場和法場的差別，最主要來自主持祭典的道士和法師的不同，前者主持道場，後者負責法場，後因彼此為業務的關係，相互擴及工作範圍，道和法漸不分，許多道士也兼及道場和法場的工作。

簡單說來，凡是誦經禮懺，祭祀法會，禮斗祈福，建醮行道，宣揚道法的地方，也就是道場。自古以來，道場大都由道士主持，鮮有法師主持之例，所有的科儀也必須遵照道教的法規進行，主事者更需著正式的道士服飾，不得簡略蒙混。

一般民間對於道場的概念，大多是做吉祥事或好事的地方。

祭祀法會

民間的廟神慶典，一般都僅由善信們個自祭祀神明而已，並沒有特別的儀式，如此的祭禮，無論規模再大，都只能叫作祭典，而不能稱作法會。

同樣為祀神禮佛而設的祭祀法會，和普通祭典最大的差別在於是否具有儀式性。有些寺廟於神誕或特殊的祭日，會請道士前來主持一兩個規模不大，但儀式完整的祭典，如誦經、祈福、灑淨……等，因其規模不及神明醮，又無拜斗植福的儀式，而成了道場中最簡略、最基礎性的活動。

由於祭祀法會規模較小，儀式普遍簡略，在早期貧困的社會中，常被用來取代神明醮或其他大規模的法會，以減少花費，到了現代繁華的社會，經濟的因素改觀之後，祭祀法會愈來愈不容易見到了。

●台北指南宮呂洞賓誕的祭祀法會。

禮斗植福

諸多的道場科儀中，禮斗植福是一種規模不大，儀禮中等，主要的目的為延命保壽，消災祈福而設的法會，所以相當受到歡迎，而成民間最普遍易見的祭禮。

禮斗也就是祭拜斗燈，斗乃指星斗，「天上羣星皆屬斗部，人之十二元神所宿，故或稱之神燈，則生命根源之象徵。公家總斗燈，代表該地居民全體之生命，私人各首之斗燈，則代表其一家人之生命。」（劉枝萬《台北市松山祈安建醮祭典》），民間俗信又有「北斗解厄，南斗延壽」的說法，禮斗植福的法會，自古以來一直都受到人們的重視。

大多以寺廟為主辦單位的禮斗植福，無論大小廟宇都能舉辦，一般分定期和不定期兩種，定期以春、秋兩季或廟神壽誕、祭期為多，不定期則可能因神明特別的指示，重大的紀念活動或者善男信女的需要而生，活動期間一般以一至兩天為多，主要的活動在於誦經禮懺，拜斗祈福。

●新春期間，許多寺廟都會舉行禮斗法會。

九皇齋戒法會

九皇醮是民間信仰中，亦祭亦醮的祭禮，一般寺廟都僅行九皇齋戒法會而已，規模較大，或有特殊需要的廟宇，則會擴大舉行九皇祈安醮典。

九皇齋戒法會或九皇醮都在每年陰曆九月初一至九日舉行，相傳因天上九皇而來，又說因齋戒九天而得名；連雅堂修《台灣通史》謂：「自朔日起，人家多持齋，曰九皇齋，泉籍為尚。」它主要的內容，《安平縣雜記》也說：「九月初一日至九日止，人家吃『九皇齋』，拜斗母星君，朝夕誦斗母經，燈燭輝煌，香煙繚繞。」。

戰後的台灣，一般人家漸不吃九皇齋，但重要的寺廟仍按舊俗每天舉行九天的禮斗法會，延請專門的道士負責主要的科儀，為民間例年的活動中，相當特殊的一項，至於九皇醮，則把九皇齋戒法會，提昇至建醮的隆重與戒慎，但一般仍不多見。

●寺廟特設參加九皇齋的報名處。

▶九皇齋中也有許多武戲科儀。

▲齋戒法會中的兩道士相互談經說法。

醮祭大典

道場科儀中最隆重、最莊嚴的醮祭大典，在台灣民間相當易見，每年入冬之後，四處都可見到各種規模不一，意義、名稱不同的醮典，俗諺更有：「立冬之後打大醮」之說，顯見醮在民間實為重要的祭祀活動。

所謂醮，原始的意義僅是祭神，《昭明文選》宋玉〈高唐賦〉謂：「醮諸神，禮太乙」，至隋時則已演變成：「夜中於星辰之下，陳放酒脯、餅餌、幣物，歷祀天皇、太乙、祀五星列宿，為書如上章之儀以奏之，名之為醮。」（魏徵《隋書》）後來慢慢演變成僧人、道士搭壇獻祭都稱為醮。

台灣的醮祭，大體承襲中國的意義，但因移民的來源多而雜，醮祭的樣貌也變得多樣，形式更因各地而有不少差異，另也受到道士派系不同的影響，行事及做法更分南北兩大系，兩者雖仍有相同之處，卻有許多地方早已南轅北轍。

綜而言之，醮乃民間信仰中最隆重的祭祀儀式，主要的目的為祈國泰民安，風調雨順，民生樂利以及闔家安樂，人丁興旺……。

●入秋之後，各式醮祭大典處處可見。

祈安清醮

民間盛行的各種醮典中，清醮為其中最著名而普遍的一種，由於各地傳統習俗、移民背景以及墾拓環境大小不相同，清醮的名稱也有多種稱呼，如：平安醮、祈安清醮、祈安福醮、祈安酹神清醮、平安降福清醮……等，名稱雖差異甚大，但主要的科儀及意義卻大同小異。

祈安清醮的緣由，乃「因為台俗，每逢地方不寧，即懇向神祇許願祈求，如果有驗，便舉行隆重謝恩祭典。並祈求未來之福；則前者為『許願祈神』，後者為『謝願酬神』，前後呼應，構成一連串之宗教行為，是為建醮。」（劉枝萬《台灣民間信仰論集》）。

無論是為了祈求平安還是感謝神恩，祈安清醮大多都屬不定期醮，往往都在地方「有事」之後，經由人們請示神明或者神明主動降乩指示，地方乃擇期建醮，少數地方也有因舊俗延襲下來，每隔幾年舉行一醮科者。惟近年來由於民間富庶，善信對建醮捐緣都一擲千金，廟方常可獲得大量「盈餘」，建醮的次數乃愈來愈密集，每隔三、五年一醮的例子處處可見。

●祈安清醮中的招孤魂，放水燈科儀。

●高雄崎漏正順廟一九八八年舉行的祈安清醮大典。

慶成醮

以醮科的本質來說，慶成醮也算是清醮的一種，因其含有慶成的意義，特別重視「安龍謝土」的科儀，但兩者實無法劃分清楚，因而許多地方乃行「慶成祈安清醮」或者「平安慶成福醮」，將兩醮合在一起舉行。

慶成醮顧名思義，乃為慶祝某建築物落成而舉行的醮典，一般以慶祝寺廟本身落成最為普遍，也有慶祝某公路、橋樑或者重要公共設施落成啓用而啓建醮典者，顯示此型醮本身含有濃厚的慶祝與歡樂的意義。

除了全新的建築物落成，舊建物破損後重修完成，或者新加蓋某一部分，也都可以建醮以誌慶祝，取捨的標準則視它和人民是否有重要而直接的關係而定，然而這也給了近年來許多想建醮而發一筆財的寺廟最好的機會，加蓋了間廁所，整建了花園裡的涼亭，也都可以「名正言順」的大建特建慶成醮，氾濫的程度實令人不敢領敎。

●慶成安龍是慶成醮最大的特色。

●台灣的祈安醮和慶成醮，常一併舉行。

羅天大醮

民間常見的醮祭中，格局、含意、祭期最大的醮典，當屬羅天大醮，《雲笈七籤》謂：「八方世界，上有羅天重重，別置五星二十八宿。」顯見羅天乃指天地萬物。羅天大醮則是極為隆重的祭天法儀，以祈協正星位、祈福保民、邦國安泰、社稷清平……。

盛極隆厚的羅天大醮，需搭設九壇奉祀天地諸神，上三壇稱普天，由皇帝主祀，祀三千六百神位，中三壇各周天，主公卿貴族祀之，設二千四百神位，下三層為羅天，由人民供祀一千二百神位，醮期則長達七七四十九天，並分七次舉行七朝醮典，醮科包括福醮、祈安醮、王醮、水醮、火醮、九皇禮斗醮以及三元醮等。

羅天大醮不僅祭儀隆重，醮期長，普渡區內更要用五色布遮天，無論內壇或外場都顯得極隆重莊嚴，所耗費的人力、物力也超出一般醮典十倍以上，加上普天又需皇帝主祭，封建社會時代，民間少有能力建此大醮，戰後的台灣，先後在一九八〇及一九八四年，分別有高雄市關帝廟及台南市鹿耳門天后宮啓建此醮而大為轟動。

●台南鹿耳門的羅天大醮外場。

王醮

王醮又稱為王船醮，一般俗稱為瘟醮或者瘟王醮，為送瘟驅疫而建的醮典，如今瘟疫雖已在台地絕跡，但為和王送瘟而建的王醮仍在中、南部地區廣為流行。

台灣開闢之初，原為瘟癘之地，風土病相當流行，各地常有瘟疫發生，嚴重者甚至全村無一倖免，民間認為乃瘟神作祟，乃設有逐疫之禮，後來才慢慢演變成啓建盛大的王醮。

最早的王醮乃應瘟疫發生後舉行，後來由於地方的需要，逐漸演變成為定期醮，時間大致以三年一科或十二年一科為多，前者以台南西港醮、安定蘇厝醮、柳營醮為代表，後者以台南喜樹醮、澎湖西溪醮為代表。

一般而言，王醮的儀式規模較祈安清醮規模略小，醮期也以三天為最，但動員的人力、物力卻甚祈安醮更倍，尤其是醮典最後的送王科儀，所耗費的金紙就可以疊成一座小山，實無其他醮祭所能比擬的！

●柳營代天院每三年都要舉行一科王醮。

●西港送王船的同時，也要舉行王醮。

圓醮

民間啓建各種社羣性的大醮，無論是否順利圓滿的結束，但都只能算是一個開始而已，必須在隔一段時間之後，另舉行一個小醮，表示結束之意，同時也藉機謝神酬恩，這個小醮一般都稱為圓醮或者醮尾。

圓醮和主醮相隔的時間並沒有一定的限制，大多以兩、三年為度，也有拖過五、六年者，甚至有的醮舉行完後，並沒準備舉行圓醮，過了許多年之後，地方發生了一連串不幸的事情，當地人為禳災祈安，才又舉行圓醮的情形，可見是否舉行圓醮，完全視地方上的需要決定。但區域性的小醮，特殊消災禳禍的醮祭，以及短時間內固定舉辦的定期醮，大多不舉行圓醮。

圓醮的規模，也沒有特別的限制，完全視善信的需要和能力而定，短者一朝、兩朝，長者三、五朝，至於外壇與斗首，可省略至最低程度，也可按照一般的醮科舉行。

●鹿耳門羅天大醮三年後，曾舉行圓醮。

神明誕醮

神明的壽誕是民間信仰中，相當重要的慶典祭期之一，各地莫不紛紛以各種熱鬧、盛大的活動來為神明暖壽，對外有迎神繞境或者分香神回來進香等等活動，對內則需誦經祈福，舉行隆重的獻祭之儀或祝壽儀式，更隆重者每年都要舉行小型的醮典，以為神明慶祝，亦即神明誕醮。

為慶祝神明壽誕而舉行的神明誕醮，醮期大多僅一天，最多不會超過一天半，由於醮期短，且每年舉行，並不設外壇，也不特別徵求各斗首，有些地方甚至連豎燈篙都省略了，僅在內場設三清壇，由道士主持祭典科儀，為神明誦經、祈福以及暖壽。

神明誕醮雖為迷你型小醮，但內壇型式大致和一般醮科無異，同樣由請神展開光開序幕，結束前同樣要張掛榜文以及普施孤魂野鬼，只是一切規模都縮小了，甚至小到讓人無法感覺到這也是一種「醮」。

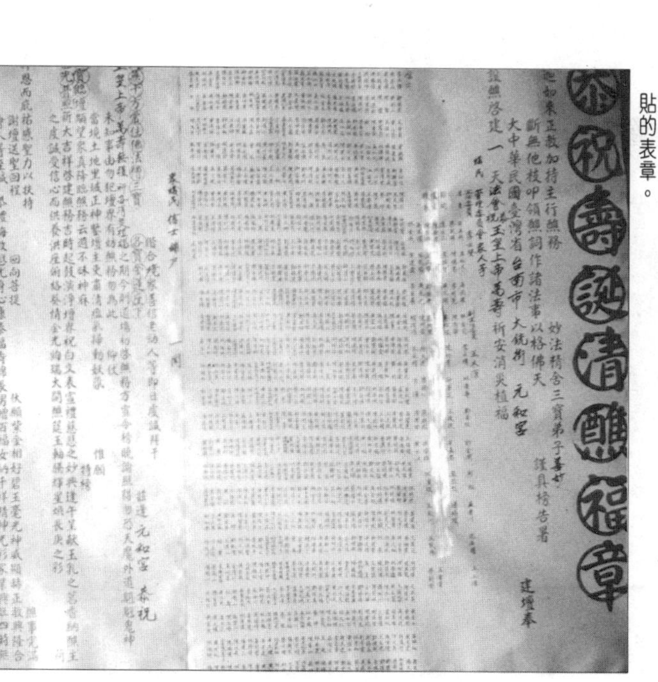

●台南市元和宮神明誕醮張貼的表章。

中元醮

道教的中元祭典，早期為慶祝地官大帝壽誕，乃建醮以隆重祭祀，後來因受到佛教盂蘭盆會的影響，整個活動偏重在普渡，宋吳自牧撰《夢粱錄》載：「七月十五日……值地官赦罪之辰，諸宮觀設普渡醮。」，顯見普渡活動所佔的份量實相當重。

台灣在墾拓之初，因受風土病影響，路倒病歿之人甚多，加上各種械鬥、紛爭不息，處處可見無主枯骨，不僅中元祭典向來受到重視，許多地方甚至年年都要舉行中元醮，以祭祀那些孤魂野鬼，陳夢林修《諸羅縣志》記錄了部份當時的情況：「荒郊多鬼……故清明、中元，延僧道誦經設醮之事日多。」。

戰後台灣的常民文化受到政治的干預相當大，執政者「統一普渡」的行政命令，催毀了各地中元醮或中元祭的原貌，現今仍保有醮典規模和形式的，僅雞籠中元祭以及鹿港、恒春等少數幾個地方而已。

●雞籠中元祭，多少還可以看出中元醮的規模。

秋收醮

民間傳統的觀念中，春秋兩季最重要的是春祈秋報，明示春季祭祀神明以祈豐收，入秋之後再祀以為報答，有些寺廟為示隆重酬謝神恩，分別舉行春秋禮斗法會，更隆重者，則啓建秋收醮。

在台灣並不普遍的秋收醮，出現的地點及意義，劉枝萬撰《台北市松山祈安建醮祭典》有簡要的說明：「春秋兩季，為祈五穀豐登而舉行，謂之春醮、秋醮。惟僅台灣南部高雄地方的農村僻陬，稍存此俗……。」

秋收醮屬於典型的區域性小醮，規模不大，醮期僅一至兩天，祭儀以祈求豐收，感謝神恩為主。六、七〇年代以降，社會的轉型使得此醮愈來愈不受到重視，不過南北各地仍例於入秋之後，舉行秋收平安祭，或可謂是秋收醮的縮小規模。

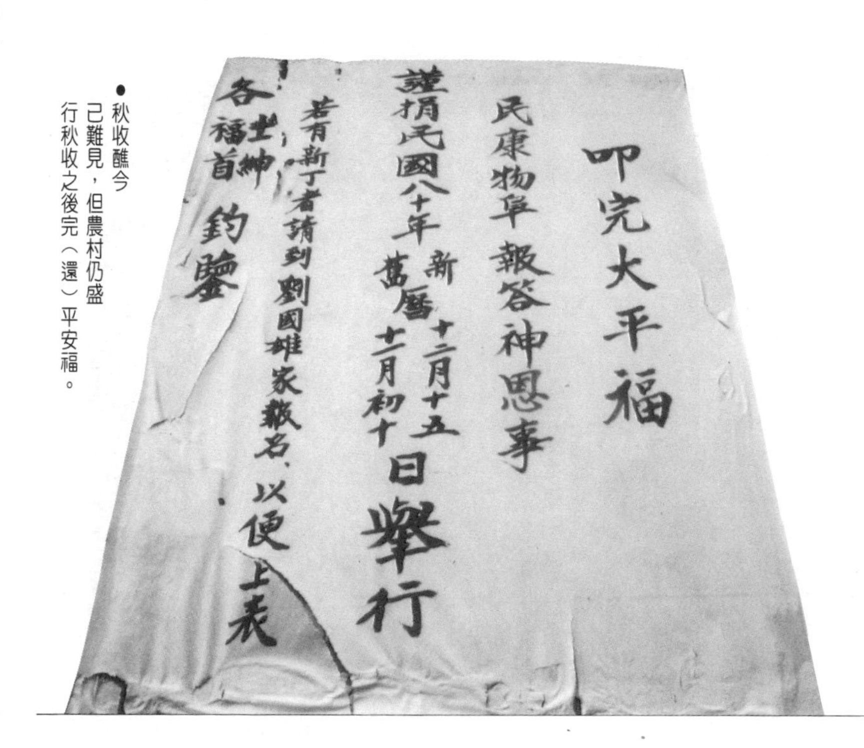
叩完大平福
民康物阜 報答神恩事
謹捐民國八十年 新曆十二月十五 舊曆十一月初十 日舉行
若有新丁者請到劉國雄家報名，以便上表
各 紳士 福首 鈞鑒

●秋收醮今已難見，但農村仍盛行秋收之後完（還）平安福。

水醮

台灣民間的醮祭，大體可分社羣性的大醮以及少數特殊需要的小醮，前者以清醮、慶成醮、王醮為代表，後者乃指水醮與火醮……等。

開拓時期的台灣，水利設備相當粗陋，人們經常遭受水患而喪失生命財產，此外由於河流缺乏橋樑，因渡河而亡者為數也不少，人們自然視水為兇神惡厄，每每於地方發生事故後，都要舉行水醮以解水厄。

水醮乃為解決水厄而行的醮典，參與的人士乃以和事件有關的人物為主，並非信仰圈內的善信非參加不可，規模自然比不上清醮或王醮，且常被併在其他醮中一起舉行，《安平縣雜記》載：「市街延請道士禳醮，三年一次，有曰『三條醮』，有曰『五條醮』（水醮、火醮、祈安慶成也）。」一九九一年東港東隆宮的曾行一科「七朝水火祈安醮」，第二天舉行水醮，主要科儀包括：發表、祝聖、水王開光安座、祀天仙、祭水船三獻，開水路送船等。

●東港王船祭曾舉行過七朝水火醮。

火醮

自古以來，人們都認為「水火無情」，可見水和火一直被視為自然的兩大災厄，人們在建水醮之餘，也會建火醮，以解火厄險關。

傳統的火醮有兩種功能與意義，一旦遭受火劫之後，災區民眾建醮祈安，此類醮規模自然不大，醮期也都僅一天左右，晚近更為簡略，甚至只請道士前去災區消災解厄，或者請傀儡戲班跳水德星君壓火止煞而已，甚少見到建火醮的情形。

建火醮更為了預防火災，主要的科儀包括火王安座、禳回祿、祭火船、放火龍、火馬、火獸以及拍火部押煞，由道士唸咒祈安後，依東南西北中方位拍熄火種，以示滅火，然後全村人熄火禁煙，恭送火王爺出庄，表示請火王遠離本地，本地的善信乃可免除火災的浩劫。而此醮較盛行於中南部地區，且都被併入其他醮中一併舉行，《安平縣雜記》載：「建三天大醮者，一天火醮，一天慶成，一天祈安。」晚近許多地方更減化成拍火部及送火王兩科儀而已，成為大醮之前的附屬活動而已。

●南部地區仍可見到的送火王科儀。

開光醮

任何神像，無論是用泥塑、紙紮或者木刻、銅鑄而成，都必須經過開光點眼的儀式，才能成神，開光點眼的重要性可見一斑，然而，這個儀式都一直只併在醮科中舉行，如各類醮典中的諸神開光科儀。若無醮祭，需為某神開光點眼，大多僅簡單祭祀而已，特別重視這個儀式者，則以法會行之。

民間的醮祭中，有所謂開光醮，乃是為神明開光點眼而設的醮祭。一般性的開光點眼，民間多以前述的方法行之，如果是新廟新神的啓用並開光，多行更隆重的慶成醮，開光醮舉行的機會可說是少之又少，大概只有碰到極特殊的例子，才會舉行此醮。

●爲神明開光點眼而舉行醮典的例子並不多見。

海醮

四面環海的台灣，自古以來和海洋的關係密切，不僅是重要的對外交通要道，更須向海取得魚穫，卻因海洋的不靖，經常發生暴風雨或大海嘯，使得許多人喪失生命。

為了免除航海的危險，人們只能選擇風平浪靜之期出海，高拱乾修《台灣府志》載：「過洋，以四月、七月、十月最穩。蓋四月少颶日、七月寒暑初交、十月小陽春候，天氣多晴順也。最忌六月、九月，以六月多颱，九月多九降也。」，當然，如此並不能完全避免不幸的發生，人們只得建海醮以祭海上亡靈，並祈求海域寧靖，風波不生。

主要的目的在於祈福求安的海醮，多為商家或船家所辦，每有大海嘯或重大災難發生時，人們以為海神不安所致，必須面海搭壇設醮，誦經消災，祈安植福。

海醮的沒落，主要因航海工具的發達所致，如今，早已完全絕跡了。

●海醮絕跡了，但祭海的習俗仍然可見。

漁醮

台灣的經濟產業中，漁業向來是相當重要的一項，漁醮乃為祈求平安、豐收而行的醮典。享有得天獨厚海洋資源的台灣，雖然一直無法完全避免出海的意外，但豐厚的漁產取之不盡，少有漁業不景氣而舉行漁醮的例子。近代因海洋污染嚴重，各國經濟海域的限制，漁獲大幅減少，漁民生計困難，終於在一九九二年七月下旬，基隆市舉辦了一科，號稱四百年來首見的「龍王護國旺興漁業祈安植福醮會」。

長達五朝的漁醮，醮場設在漁市場，並請來天上聖母、四海龍王、水仙尊王等諸多海神鑑醮，科儀除一般醮典中重要的祈安植福節目，最特殊的便是由十餘艘漁船組成，巡行海上做法清淨海域，並招引魚羣前來的巡海大典，浩浩蕩蕩的船隊，巡行過基隆港口附近的海域，全部耗時約四小時才結束。

●基隆漁醮普渡的大神豬。

漁醮和海洋關係密切，許多科儀都在海上或港口舉行，每每都能感受到人們對海洋資源的強烈需求，若因此而能喚起人們對海洋污染的重視，當是舉行漁醮的另一重要收穫。

●道士向海上孤魂招安，以祈海域清淨。

●《點石齋畫報》所刊牛瘟盛行的狀況。

牛瘟醮

農業社會時代，最重要的動力莫過於牛，人們養牛、耕牛、買賣牛，當然也免不了會遇到牛的疾病或死亡，早期社會又因衛生不良，常生各種瘟疫，不幸碰到牛瘟，人民不僅損失慘重，甚至因失去耕力，而使生活無以為繼。

牛瘟醮也就是為驅逐牛瘟，祈安禳解而設的醮。一般而言，都在某村落發生過牛瘟後，該村落或鄰近地區，為驅趕瘟神疫鬼而舉行，此外，各地牛隻販賣的牛墟，在牛瘟盛行之際，也常會建醮以祈禳。

本質和瘟醮近似，惟對象不同的牛瘟醮，也屬於地區性的小醮，規模甚小，醮期都僅一天或兩天，科儀以送瘟逐疫為主，但和王醮完全扯不上關係。

如今，牛瘟早已絕跡，甚至連耕牛都愈來愈少，牛瘟醮自然失去了存在的空間。

雷公醮

民間流行的諸多醮典中，雷公醮是一相當古老，一直存在於人們的口傳故事中，卻少有人見過的醮典。

早期的社會，人們對雷電全無科學的認知，僅認為是天上神祇。大雷雨的發生，常被記成是天神動怒，如果雷電擊斃了某個人或某棵大樹，人們大多以報應或不祥之兆來解釋，輕者祈神禳解，重則可能就要建雷公醮，隆重祭祀雷公電母及天上諸神，以解眾神之怒，降福人間。

民間普遍也認為，雷公專門對付不孝之人，因而會認為，離經背祖之人，建雷公醮都不能彌補的說法。

●民間相傳，雷公專門對付不孝之人。

陰醮

醮祭的原始目的，乃為「地方對天公、神佛，感謝其庇佑，或祈求之祭禮。」（《台日大辭典》），祭祀的主要對象古來都僅限天地諸神，以鬼為對象者，多以法會或普施祭之，唯在一九九二年初，台南縣南化鄉舉行了一科三朝的陰醮，慰祀死難於噍吧哖事件的忠魂烈骨。

這科全台首見的陰醮，由南化鄉公所主辦，時間從一月四日起，先行一朝清醮後，接著舉行三朝陰醮，「招引噍吧哖事件亡魂，南化水庫二百多座無主墳及全鄉內無依靠遊魂，一併引入懷恩堂供奉。」（一九九一年十二月三十一日《民眾日報》）。

南化陰醮的科儀，大多以超渡及招靈為主，實為大型的超渡法會，主辦者卻以陰醮為名，乃因日治時代暴發的噍吧哖事件，不僅在台灣抗日史上佔有重要的地位，死難者都被視為英烈之靈，向為各界尊敬，實不能和一般的孤魂野鬼混為一談，當局乃特別行陰醮隆重慰祀之。

●埋葬噍吧哖事件亡靈的忠魂塔。

醮期

醮期乃指建醮的天數。一般而言，都以一朝醮、二朝醮、三朝醮、五朝醮、七朝醮……以至於四十九朝醮區分。一朝乃指一天，四十九朝也就是長遠四十九天的醮典。

建醮期間的長短，直接影響到規模的大小，小廟的醮都在三朝以下，台南地區盛行的神明誕醮，大多僅一朝。大廟的醮期都在三朝以上，五朝、七朝醮已相當普遍，顯然和社會經濟力的改觀有極密切的關係。

除了正醮之外，北部地方的醮期另有一朝宿啓、二朝宿啓的分類。一朝正醮指一晝夜的醮典，一朝宿啓的時間達一天半，不算一天也不能算兩天，乃以宿啓稱之，二朝宿啓則指長達兩天半的醮祭。

醮期的長短，主要視主辦單位以及地方的需要而定，和醮的種類並沒有絕對的關係。

●規模較小的角頭廟，醮期自然較短。

2／醮場設施

醮典的準備

不管是地方上主動的需要，或者固定的醮科，甚至是神明降乩指示，確定要舉行醮典後，一連串的籌備工作都要次第展開。

除了定期醮或者固定形式的醮典，醮期的長短和祭區，一般都透過求問神明而來。確定了上述要素，廟方要組織臨時性的醮局或者建醮籌備委員會，統籌建醮所有的事宜，聘請地方耆老、民意代表、士紳擔任重要職務，加強凝聚地方向心力，並借以宣傳，期使醮典順利圓滿。

醮局設立之後，首要就是擇聘道士，組成道士團，負責醮典所有的科儀；同時要公開招募各種斗首，確定各壇分佈的角頭及壇主，並將各壇的工作分別交付壇主執行，以分擔工作。

第二階段的準備工作，首要便是奉告醮表，目的是向玉皇大帝及天地諸神奏報建醮事由、日期和地點，恭請諸神屆時光臨鑑醮，儀式相當簡單，但需道士隆重舉行，時間多在醮典前兩、三個月，完後還要提供各種資料，書寫疏文、牒表和榜示，以應付醮典中各個拜儀的需要。

●祭典前各項準備工作是否落實，至爲重要。

道士團

醮典雖由寺廟主辦負責，但醮典的內容及科儀的內容，卻完全由道士負責，因此，如何選聘道士，實是一件重要的工作。

早年道士的聘請，基本上的考量包括道士的聲望，與地方的關係，派系的平衡以及善信們的意願，最後考量的才是費用的多寡。近年因老道長逐漸凋零，名道士漸少，功利的社會讓人們對醮祭的要求也不一樣，道士選擇的標準，往往以費用為第一考慮，許多寺廟甚至以競標的方式，選聘價格最低者主醮。

選定了道士之後，由該道士自己組織道士團，成員的多寡則視醮的規模而定，一般都在十幾人至三十人間，並包括後場樂師三至四人。

道士團中，每個人的職司都不相同，「古用六職；一曰高功，古謂之三師；二曰都講，古謂之五保；三曰監齋，古謂之六明；四曰侍經，古謂之七證；五曰侍香，古謂之八度；六曰佳燈，古謂之九成……」（宋林寶真編《靈寶領教濟度金書》），現今的編制稍有差異，平時僅分道長及道士兩階，主持科儀時，站在最中央的稱高功，高功右側依序是副講及侍香，左邊則是都講及引班，每人分別負責不同的工作。

●道士團中，每個人的職司都不相同。

搭外壇

外壇也就是醮壇，主要的功用是做為各角頭的祭場，重要性實無法和內壇相較，但具開放性，且裝飾華麗之特點，反而成為大眾關注的焦點。

各壇的壇主確定之後，壇主必須在角頭內選擇一塊足供善信普渡的開闊之地搭建醮壇，一般醮祭都在入秋之後，醮壇常選在收割後的稻田裡。

搭設一座醮壇，至少需要十天甚至半個月以上，各壇主必須負責在入醮前將醮壇搭好，每壇可自擇時辰——尤其是最利於壇主的良辰吉時，破土興工，儀式大多相當簡略，壇主設案祭告天地，並安破土符除穢祛煞，並由壇主或特定人士象徵性地鏟一下土，儀式遂告完成。

近年來，許多道士們為圖生存，常採多角化的經營方式，醮壇往往也是他們包工的一部份，只要談妥條件，從破土、搭架、釘木、彩繪，裝設電動花燈、花鳥人物，道士團都可一手包辦，完全無庸壇主們操心。

●工人們忙著搭醮壇，顯示醮祭的脚步近了。

醮壇

醮祭中，最顯眼而吸引人的醮壇，早年僅在中、北部地方盛行，八〇年代以降，南部地方的醮典，也常可見到華麗壯觀的醮壇。大體而言，除了每年固定的神明醮或規模最小的一日醮外，幾乎每醮必可見醮壇，數量少則一個，多達十餘座，競相爭奇鬥艷，美不勝收。

用木材搭建而成，高十餘丈，分成三至五層的醮壇，每層都裝飾有精采的花鳥人物或者民間傳統故事，近年來電動花燈盛行，醮壇中更競相採用，加上五彩的霓虹燈飾，入夜之後顯得五彩繽紛，往往成為最吸引人們注視的焦點。

以醮祭的本義而言，醮壇乃是相對於道場而設的外壇，用以供奉天地諸神，每座醮壇都以供奉的神祇定名，如玉皇壇、天師壇、三官壇、北帝壇、福德壇、紫微壇、觀音壇、文昌壇、媽祖壇、神農壇……每壇分由各斗首負責搭建，壇前則為普渡場，供爐下眾弟子普渡之用。

除了傳統形式的醮壇，近年來許多醮壇也花費心機設計出許多新穎的造形，一九八八年大甲醮的觀音壇，完全突破傳統造形，以巨大的觀音像為壇，相當具有創意。

●大甲醮別出心裁的觀音壇。

●華麗高聳的醮場，是醮祭中最吸引人的標的物。

五大壇

醮祭的性質、規模不同，直接影響到醮壇的設計與數量，大體而言，不脫小醮少醮壇，大醮醮壇多的定律。

規模小的醮典，可能僅設一座醮壇，將所有的神祇一起供奉，規模大，範圍廣的醮祭，可能出現十餘座醮壇，無論是一座綜合壇，或者十幾二十座的各神壇，必不能缺玉皇、天師、北帝、觀音和福德等五位神祇（壇），民間將這五座壇，併稱為五大壇。

玉皇壇又稱天公壇，為醮祭的總壇，大多設於道場正對面或附近地區，直屬於醮局，為全境善信而設；天師壇又稱主會壇，由主會首負責，奉祀張天師神像；北帝壇供奉玄天上帝，由主醮首負責，也稱主醮壇；觀音壇內奉觀世音菩薩，由主壇首負責；福德壇也稱作主普壇，由主普首負責，內祀福德正神。

●三峽慶成醮中的天上聖母壇。

搭建一座美侖美奐的醮壇，所需的經費甚多，各斗首除了盡自己的能力負擔外，還必須向醮壇所在之角頭募款，如果金額仍然不足，則必須出庄籌錢，務必募到足夠的經費，否則搭的如果太簡陋，非但自己看不過去，馬上也會遭人指指點點。

豎燈篙

民間信仰中的燈篙，向被視為請神招鬼最重要的器物，除了沒有普渡科儀的一日醮外，大部份的醮祭法會及普渡祭典，都把豎燈篙視為最重要的起頭戲。

一般而言，醮祭法會早在入醮前數日，甚至十天之前就得豎燈篙，普渡祭典則在祭禮前一至三天。豎燈篙之前，先得決定燈篙的形制，並派人找回留頭帶尾的長竹子，並在預定的高度裝好滑輪，穿好繩子，預定豎燈篙的地方也要先挖好地洞或打下木樁，此外，其他諸多配件也要事先準備妥當。

豎燈篙的儀式，也有繁簡之分，大醮典中由道士行「祀旗掛燈」科儀，小規模的祭典，僅由道士或僧人誦經祈求，將配件掛在滑輪上的繩子上，一切準備妥當，或先在燈篙下煮油清淨，或由高功勅符祛邪，便將天地布、幡頭等旗幟昇起，到了固定位，將燈上的燈點燃，豎燈篙之儀也就全部完成。

醮祭法會的豎燈篙，是一個重要的預備動作，自此以後廟方人員及各斗首都必須齋戒，以虔敬之心迎接醮典的到來。

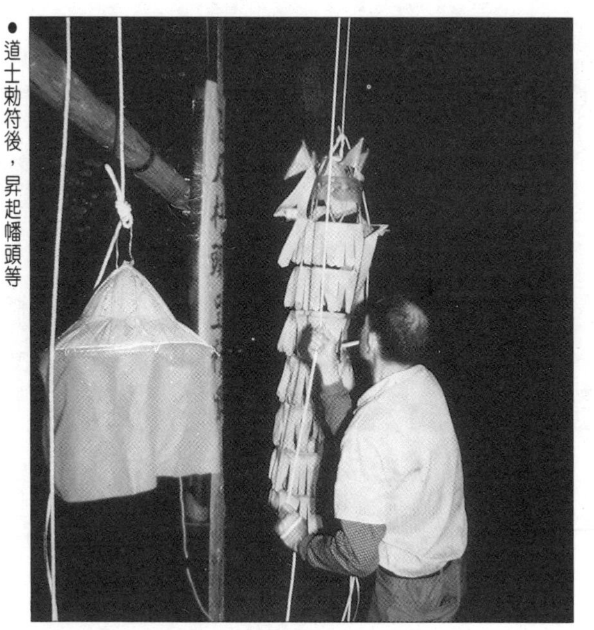

●道士勅符後，昇起幡頭等物，便完成豎燈篙。

燈篙

基本上乃指懸掛有旗幡以及燈幟的高竿，主要的燈篙目的有二，一是邀請天上諸神前來鑒醮及共享功果，二則招引陰間的孤魂野鬼前來共享孤食。

由於南北風俗各異，燈篙的數量、安置的方法以及禁忌等等，相當複雜且難以分類，有的僅豎一根，有的在廟前豎三根，不分陰陽，更有的廟在廟左右各豎三根，左屬陽、右招陰，燈篙的質材，受台灣產竹之影響，大多採用青竹。有的僅截取一段竹竿，多數則要留有「大拍尾」的透青竹，前者的解釋是截掉太長的尾，以免招來太多的孤鬼而尾大不掉，後者則為有頭有尾而「有好尾」。

人民與燈篙的距離，也因南北之別以及醮典的形式不同，形成兩種截然不同的現象，一般而言，北部的醮祭中，都不准人們靠近觸碰燈篙，南部的王醮則無此禁忌，燈篙下總有川流不息的人們摸燈篙，俗謂摸得愈高、昇愈高，其他的清醮或中元祭典，則忌人們接近，認為觸摸了會招惹不潔。

另有七根、十根、三十六根的例子，安置的地方，一般都在普渡場，南部少數幾個地方，除廟前的燈篙，家家戶戶皆豎一根，每根燈篙上安合男丁數之燈，夜裡每燈皆開，遠遠望去，狀如火海。

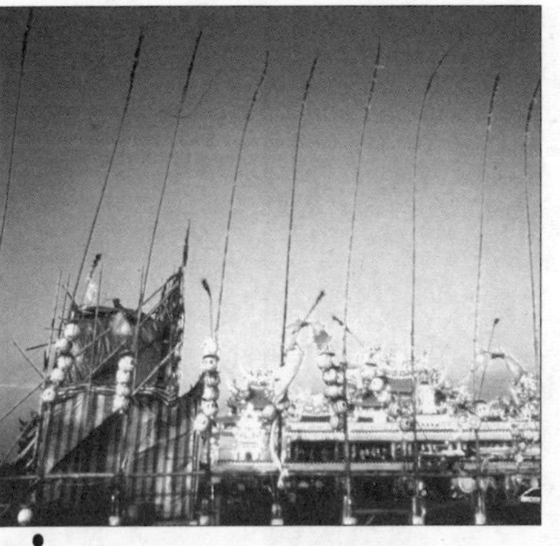

●鹿耳門羅天大醮共設九根燈篙。

●大甲醮的燈篙，僅立三根而已，不分陰陽。

天布與地巾

燈篙除了透青竹，竹上需要懸掛許多迎風招展，借以降神通靈的物件，才能夠發揮其效力，這些配件因南北地域、醮典種類以及中元祭禮的不同而互有差異，但大體不脫天布、地巾、天燈、七星燈、天地錢、醮旗與幡頭以及天金、高錢等項類。

大多數醮典所樹的燈篙，都有陽竿和陰竿之稱，陽竿請神，陰竿招鬼的定律從不改變。天布、地巾分別張掛在陽竿和陰竿上，形制都為狹長方型，天布為藍或青色，象徵青天之意，地巾則用黑或黃色，為招引鬼魂之物，布上或完全不寫字，或上書「欽奉某某神之令，祈求醮事圓滿、神人共庇……」之類的文字，其中的差別，完全因主事者而異。

如果燈篙不分陰陽竿，大多簡化只剩地巾，名稱也改作招引幡或招魂布，上書有某神坐鎮壓煞之類的文字，一方面可招引孤魂野鬼，同時又具鎮邪祈安的作用。

●新竹義民節，僧人勅招魂布的情形。

●台北霞海城隍醮設的五方星君布，爲天布的一種。

天燈和地燈

燈是燈篙中最主要的物件，它是夜間唯一的指標，也是招引孤魂野鬼最主要的器物。

燈也隨著陰陽竿的不同，分陰陽兩種，照陽的稱為天燈或玉皇燈，或以鐵皮方箱為燈罩，或用圓燈籠，用以夜間請神之用，數量則僅有一盞，高懸在陽竿中竿的最高處。

普照陰光的燈一般都稱為地燈或七星燈，是由七盞燈所組成，大多在大斗笠下安置七盞燈泡，或分別安七個小燈籠，無論其形制如何，都為招引孤魂野鬼之用，民間相傳招鬼的燈掛得愈高，會引來愈多的孤魂野鬼，大多數的廟唯恐太多無法應付，七星燈大多在陰竿的半截處，甚至有些廟宇掛的高度離地面不到一尺，避免招來太多的孤魂野鬼，地方上不足以應付而惹來禍端。

天地燈的作用，除了招神引鬼，傳也有祈安求福的用意，因而有些地方的燈上書有「風調雨順、合境平安」之類的字樣。

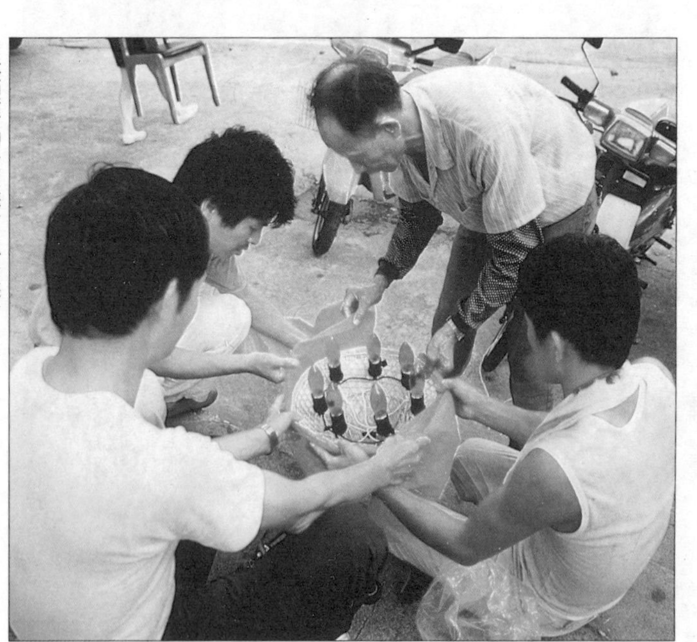

●整理好的七星燈，掛在燈篙上是爲地燈。

●台北市東隆宮王醮的燈篙，天燈和地燈一起懸掛。

天地錢

錢為財富的象徵，民間信仰中出現的錢，常寓有招財進寶之意，但原始的目的，乃是取錢可趨吉避凶的功用。醮祭燈篙上的天地錢，張掛的目的也不脫上述範圍。

燈篙中的天地錢，分配在不同的燈竿上，天錢掛陽竿，與天布齊高，長長地懸在空中，形式有多種，有以金紙糊上紅紙為錢，或用金箔製成圓形的紙錢，甚至還製成金元寶的模樣，數量分為十二片或三十六片不等，以符合三十六天罡之數。

地錢則是用銀箔或銀紙製成，同樣是用紙糊成長長的一條，錢的數量，有的採七十二片，象徵七十二地煞，有的地方卻和天錢一樣，都是十二片為一組。

●集集平安醮中燈篙上所設的天錢。

●馬鳴山鎮安宮五年迎千歲所設的地錢。

蜈蚣旗

台南及高雄某些鄉鎮，舉行醮典時，家家戶戶門前都要豎燈篙，數量則僅一支，懸掛之物日夜有所分別，晚上掛平安燈、燈數依家宅的丁口數而定，三口掛三個，五口掛五個，白天則熄燈昇起蜈蚣旗，以為招安納福之用。

蜈蚣旗為木繪製的蜈蚣頭，上掛有鈴鐺，風吹時可叮噹作響，頭下懸有三尺六寸的長布條為旗，昇起時可隨風招展，因而名蜈蚣旗，相傳因蜈蚣可以伏蛇，台地處於熱帶，自古多蛇，許多人喪命蛇口，可伏蛇的蜈蚣自被視為神聖，後漸成民間信仰，人們祈之可祈安辟邪，因而一直留傳至今。

除了家宅私奉的燈篙，蜈蚣旗也出現在少數的王船中桅上，以及其他地方醮典公設的燈篙之上。

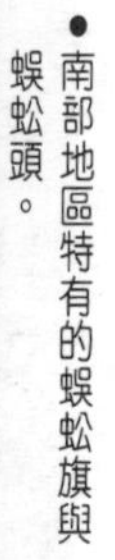

●南部地區特有的蜈蚣旗與蜈蚣頭。

●台北霞海城隍醮所設的三角形醮旗。

醮旗與幡頭

燈篙上各式各樣的招展物件中，較具體而重要的還有醮旗和幡頭，只是這兩樣東西並非處處可見。

顧名思義，醮旗乃是建醮法會才會出現在燈篙上，「也稱『令旗』，為紅色四方旗，長度多為二尺八寸，意取『二十八星宿』；醮旗意義是代表建醮廟宇或主神，所以一般旗上都會寫有廟稱或『合境平安』的吉祥文字。」（黃文博《台灣信仰傳奇》）。

相對於醮旗僅用於建醮的場合，幡頭則常見於中元祭典的燈篙之上，用白紙剪紮成圓形，下有流蘇的幡頭，一般都為七層，頂層用色紙覆成圓帽狀，乃是眾紙幡、布巾之首的象徵，換句話說也意味著為燈篙之頭，但也有些地方的燈篙上根本沒有醮旗或者幡頭，主要的因素是各地舊俗的不同使然。

鑑醮

任何一個醮典的舉行，除了本廟中的所有神明參與，還必須邀請許多其他廟宇的神明以及善信家中供奉的神明，令旗、信物、符咒……共同參加，稱之為鑑醮。

邀請其他神明鑑醮的目的有三種，一是請所有神明共同為醮科中所求的閤境平安，善信康健……做見證，請求上蒼垂憐，二是共鑑道士主持的醮典，是否落實進行每個科儀，三是同享醮祭舉行而得的福份，增添神的威靈。由於好處甚多，許多家神或小廟之神，都很喜歡參與大廟的鑑醮，三峽祖師廟丁卯科慶成祈安醮的鑑醮神多達五千多尊，盛況可謂空前。

神明要進入醮場鑑醮，當然也有相當的條件：一是繳交鑑醮費用，金額從數百元到數千元不等，視每醮科的規定為準，也有免費鑑醮的例子。二要接受搜身，神明進入醮場之前，工作人員都要從頭到尾仔細檢查，連神衣都要翻起，主要是怕有些心存不軌之人夾帶特殊的符籙進場，相傳輕者可破壞醮場，嚴重者能劫走所有福份，因此無論什麼神都得仔細搜身後，才得領取號碼牌，憑牌供奉在三界壇上（數量太多時，得在三界壇後另建鑑醮壇）鑑醮。

●每一付神明，都要經過一定手續，才能入壇鑑醮。

排壇

建醮大典為民間最隆重的祀神之禮，必須在專門設立的祭壇中舉行，道士們負責搭設、佈置祭壇，稱作排壇，或作拍壇、結壇。

舊時的祭壇，為露天高台，道士們得以登高朝聖，祭壇搭設費事耗時，且需另覓場地，後漸改在廟內設壇，四周封閉方便維持清淨，雖有廟頂不能見天，卻可免風吹雨打之苦。

由於各式祭典的規模，隆重程度不同，祭場的佈置當然也有省略或完整之別。一般而言，活動時間短，儀式較簡單的活動，佈置也相對較簡單，反之，佈置也就愈隆重而完整。

祭禮中最重要的醮祭，場地的佈置也最隆重，由於用途的不同，可分為後勤和祭壇兩大類，道士房，香辦房，廚房……都屬於後勤單位，自有自的規矩。至於三清壇、三官壇等祭壇，更是自有章法，絕對不得混淆。

●道士們忙著佈置道場，稱為排壇。

由道士團負責的排壇，大多僅限內壇而已，大夥人分工合作，大約只要半天，便可完成所有的佈置工作。

道士房

醮場的後勤單位中，最重要的首推道士房，為專供道士們生活起居的場所，同時也用來安奉歷代祖師。

台灣的道士，大多屬於火居道士，在家自設道士壇供奉祖師爺及守護神，也兼營業之所，他們若到外面主持醮祭，必須將「道法二門前傳後教歷代祖本宗師座前」請至醮場，安奉在道士房的出入口附近處，任何道士，每次進場、退場都必須禮拜請安，主要的目的有二：一是請歷代祖師鑑視道士們所行的科儀是否有錯，再者則為保護之用，若遇他方妖魔惡道危害醮場，道士功力不足以對付時，便可搬出歷代祖師爺相助。

一般而言，醮局中的道士房，為絕對清淨之地，道士們在入醮之前七天便需禁慾素食，入房之後便需守一切清規，醮局結束，甚至也要七天之後才能開葷，否則不僅對醮局不利，更可能禍延自己。

●道士房中必供奉歷代祖師神位，表示請祖師爺到場坐鎮。

香辦房

醮局無論大小，要準備一個房間專門放置醮典所需要香燭祭品，稱為香辦房或香辦間。

一般民間的醮祭，光是內壇所需的用品，便需上百種以上，從金紙香燭到臉盆毛巾種類繁多，茲試列如下：天金、長錢、頂極金、壽金、刈金、福金、大燭、小燭、好香、粗香、長壽香、排炮、頓炮、餅料、封糕、糖果、麻荖、墨汁、好毛筆、純珠、珠文、紅心帶、漿糊、檀粉、檀柴、塑膠帶、新繩、地毯（六×八尺）、草蓆、朝官帶騎、甲紙、黃箱、金古、紅紙、黃紙、桃紅紙、青紙、黑紙、龍牌、三色布、黑布、井淺布、紫花布、八珠綾布、五色綢、手爐布、毛巾、五色線、黑線、二布針、毛毯、棉被、凸粉、十五斤秤、玉環、銅吊鉤、藤高背椅、米籮、點心籠、功曹表馬帶騎、新鋸、新柴刀、桂竹、天金鼎、新碗、米斗、新香爐、火炭、水果、熟茶葉、茶杯、剪刀、茶壺、三牲、五牲、臉盆、香皂……每項物品的多寡，則視醮典規模而定。

這些消耗性的用品，不僅需要專門的房間擺置，為防止不潔之人或邪道故意破壞物品的聖潔，香辦室內設有香官典者神位，請祂降臨鎮守，以防範任何褻瀆行為。

●香辦房裡擺置各種祭祀用品。

監齋使者

負責供應伙食的廚房，也是醮局中的後勤單位，廚房中供奉的監齋使者，更負有監督境內善信是否素食的重責大任。

一般而言，規模較大的醮典，為表示隆重與虔誠，醮祭期間大多禁屠與素食，直到拜天公當天為止，禁制的範圍還擴及「士農工商各界，應有守己洽眾之念，並請各屠商、魚行、酒家、茶室、飯店、麵攤等，特別遵行，勿違眾意，同心實行，以完夙願，而獲平安。」（劉枝萬《中國民間信仰論集》）。

醮祭期間的禁屠與素食，雖然早已發佈週知，信徒們是否能夠完全遵守，仍是一大問題，因此，醮局需設專門的監督者，以確實做好齋戒素食的行為，負責這項重要工作的，就叫監齋使者。

監齋使者大多安奉在廚房中，醮祭科儀中的安奉灶君儀式，同時也安奉了監齋使者，此後一直到開齋為止，都由祂負責監督境內各界善信，不得殺害生靈、素食……等。即使到了現代社會，人們對醮祭的禁忌愈來愈不肯遵守，但每逢醮典，監齋使者仍照常安奉。

●監齋使者主要是監視醮祭期間的伙食。

三清壇

三清壇是建醮法會中最重要的神壇，為供祀天神之所，分三清宮、四府，四方神三部份，以三清宮最為重要，人們借以奉請天神，奏報民間設醮的緣由與祈求。

道教中的三清，有多種說法，《靈寶本元經》說：「四人天之外，曰三清境：玉清、上清、太清，亦名三天。」《太真經》則說：「三清之間，各有正位；聖登玉清，真登上清，仙登太清。」民間醮祭所設的三清宮，中央為玉虛天宮，供奉玉清元始天尊（元黃始祖），左邊為碧遊天宮，奉上清靈寶天尊（通天教主），右邊為兜率天宮，祀太清道德天尊（李老君）。

三清壇所設的位置，都在正殿之位，和設於大門的三界壇遙遙相對，壇中除設有三清神像，兩側另設有玉皇和紫微兩壇，為大小醮典都不能省略的祭壇，玉皇壇設在左邊，奉玉皇大帝神像，右為紫微壇，供奉紫微大帝，這些天上諸神祇，都為醮祭所需，特別奏請下凡，以方便民間祭拜奏禱。

●三清壇爲道場中最主要的神壇。

●紫微及玉皇壇，也屬於三清壇的一部分。

四府

三清壇中的四府，一般都設於科儀桌旁的左右兩班，玉皇、紫微壇前，簡略者僅掛捲軸神像，隆重者則於神像前分設供桌，上掛有彩繡而成一小壇。

四府乃指天曹、地府、陽間和水國四個世界，天曹地府設左班，陽間水國立右班，每一界都有眾多神祇，天曹諸神有：天官大帝、太陽、太陰、中壇元帥、雷震子、溫、康、馬、趙四元帥、唐將軍、葛將軍及周將軍，另有值年太歲殷郊。地府包括：地官大帝、轉輪神、牛頭、馬面、十二官將、三十六（十二）婆姐、註生娘娘等。陽間諸神眾多：都城隍、府城隍、縣城隍、各城隍夫人、關帝君、天上聖母、孔夫子（或文昌君）、華光、土地公……水國又稱水府，諸神包括：水官大帝、四海龍王、雷公、電母、風伯、雨師……等自然之神。

●天地四府，供奉的諸神種類繁多。

四方神

三清壇的左班和右班，都是由一幅幅的捲軸神像所構成，大體分四府、四方神和趙康元帥三部份，除四府為必備之班，其餘可視醮典的規模或場地的大小而刪減，四方神便是最常用來調整三清壇規模的左右班。

四方神乃指東南西北的四方眾神，東方神有東方九氣天君、天師、北帝、釋、儒、道三教教主。南方神為南方三氣天君、金靈聖母、文昌帝君、魁星、五斗星君。西方神包括：西方七氣天君、瑤池金母、五老天君。北方神則有北方五氣天君、八仙和南極仙翁。

大體而言，每一方位之神，大都同在一掛軸中，這些掛軸都屬道士壇的財產，各壇的師承有別，繪圖者也不同，所繪的神祇也會有所出入，偶而可見到一些不知來歷，無從解釋之神明，也就不足為奇了。

●四方神可增加道場的排場。

三界壇

三界壇是醮場中的另一座主壇，一般都設在醮局的門口附近，和三清壇相對而立，壇上供奉的都為地界神祇，道士們都先祀天界諸神，再拜三界諸神。

道教所謂的三界，共分為三類，李叔還撰《道教大辭典》載：「㈠以時間而言，為宇宙三界：分無極界、太極界、現世界。㈡以空間而言，為天地三界：分天界、地界、水界。㈢以道境而言，為道境三界：分欲界、色界、無色界。」，三界壇上所供奉的神像，主要是天官、地官與水官三官大帝，旁配有灶君、土地神，左右兩側則另配張天師及玄天上帝神像。

醮場中搭設三界壇的目的，乃為安奉人間諸神靈，以為禱祝祈福之用，人間善信莫不虔誠希望各界神靈，能夠感應到人民的需要，賜福降祥於人間，為人間常添喜氣福祥。

●三界壇主要供奉人間的諸神。

斗燈

無論禮斗植福，或者醮祭法會，斗燈為最主要的辟邪祈福之物，乃由「米斗盛米點燭，斗內由兩方斜插二支木劍，中央置一面圓鏡及剪刀、尺、秤、英盤、錢、土等，並在桌前供牲醴祈福。」（片岡巖《台灣風俗誌》）。

大體而言，斗燈可分長期安奉（一年）及臨時安奉兩種，前者大多在寺廟春、秋禮斗法會時安置，後者則在建醮或特殊法會，或者盂蘭盆會時安置斗燈；斗燈最主要的功能，則為「禳境內邪鬼，祈求天賜福祥，合家平安，士農工商各業興隆……」（同前引）等等。

將米盛於斗中，上插各種器物，由點燃油盞長明而成的斗燈，主要乃寓借米及燈的功能。自古以來，米為民間最普遍的辟邪物，漢代之前以更為道教用來降神，斗中之米自然不脫上述兩種功能。燈則為傳達光明與溫暖之物，斗中長明的燈，寓有生生不息，煥彩元神之意。普遍性的幾千元至各首的數十萬元皆有，完全視善信的需要與財力，自己選擇。

●斗燈爲民間最重視的祈福之物。

斗燈的設置

各地方由於風俗的不同，斗燈的設置方法也不盡相同，有些地方，以公設的斗燈為主，有些完全由私人安置，但最普遍的例子，則是總斗及其他少數重要的斗由公家設置，其他各斗首及普通斗則全由私人設置。

公設的斗燈，乃是指由主辦單位或者廟方設置，為境內所有善男信女，或者某一單位，某一特定區域禳禍祈福，一般醮祭中的總斗，大多屬於公設，因對象眾多，往往斗特別大，且裝飾特別繁複。另有一種公斗，則由主辦單位設置，再供善信民眾以自由認捐的方式，參與此斗，此例常出現在禮斗的法會中。

私斗乃指私人奉置的斗燈，禮斗法會或醮典中，除了重要的斗首，其他各種神祇斗及普通斗，都開放給善信們認捐，金額則視斗代表的神祇以及大小決定，從幾十萬元到幾千元都有，也有人合家族之力，或由特別關係的幾個人，共同安奉一個斗燈。

●重要的斗燈都由各斗首設置。

斗燈傘及斗燈籤

無論公設或私人奉置的斗燈，無論斗的大小，形成質材是木雕彩繪而成，或者用鐵皮漆上紅漆充任，斗內有多項物品，任何地方都可見到。

斗燈除了斗本身，最顯眼的莫過於斗燈傘，形制與質材都仿似神轎前涼傘縮小而成的斗燈傘，也稱涼傘或彩傘，功用是美觀及裝飾，同時也可以保護傘下的斗燈籤。

長條形，用紙板製成的斗燈籤，為斗燈名稱及奉置者的標識物，每根斗燈籤上，都用紅底黑字寫著「天京正照×××醮（法會）祈安植福信士（女）××首×××本命元辰星君罡」之類的字樣。

燈自然是斗燈最主要的象徵，早期都用淺碟或錫碟，盛裝花生油，放入燈心即成油燈盞，現今大多改用杯型的蠟燭，一來不必時時加油添火，又可防風以保長明，油燈盞、花生油和燈心所象徵十二寶的意義，也就無法兼顧了。

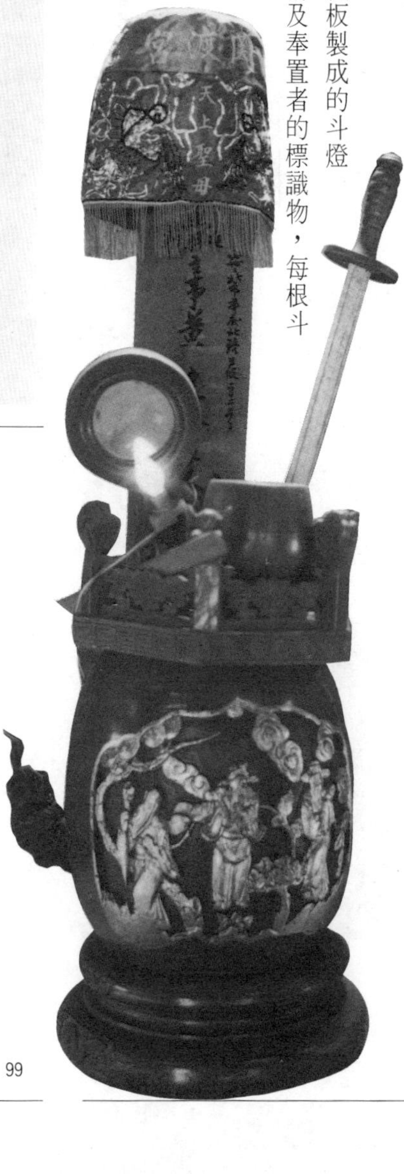

●斗燈傘也稱彩傘，有裝飾及保護作用。

斗燈十二寶

傳統的斗燈，必須放置十二種器物，謂十二寶，以代表人的十二元神，而成生命的象徵，人們祈之，得以賜福長壽。

斗燈的十二寶，包括屬於燈的油燈盞、花生油、燈心，以及主體的斗、白米，此外另有劍、鏡、尺、秤、剪刀、古銅錢和紅紗線。劍為驅邪逐魔之物，應用金屬製的七星劍或桃木劍，現今許多人以塑膠的玩具劍替代；鏡代表照妖鏡，讓邪魔現形；尺和秤都是度量衡，用在斗燈中，則寓「度量善惡」與「秤知輕重」，在人們自省的同時，傳也可祈求延壽保命。

剪刀為咬剪的利器，本身有辟煞之功能，又和福佬話「家」同音，再加上鏡（境），則成合境、合家平安。

古銅錢和紅紗線，必須穿結在一起，放置在米上，古銅錢以十二個或十二的倍數為宜，用線串連在一起，表示財帛相連，長命百歲，此外，若結成金錢劍，更是無魔不降的利器。

●斗燈中放置十二項器物，稱十二寶。

●新莊文昌廟的文斗燈。

文斗燈

各地的斗燈，儘管斗內放置之物或有增刪，或用其他現代的東西替代，但大體上形制仍相當類似，不過也有少數文昌帝君廟，以文房四寶，取代斗中的其他器物，而成象徵文運亨通，庇佑功名高中的文斗燈。

文斗燈同樣以斗盛米，油燈盞，鏡子同樣存在，其餘的器物，包括連裝飾用的斗燈傘都不見了，取而代之的則是新毛筆、新硯台、新墨以及一捲宣紙。鏡子置於斗燈之中，筆和紙放在右側，硯和墨插在左邊，整個斗燈看起來雖然沒有普通斗燈壯觀，但一眼看去，便充份了解這乃專為讀書考試而設的斗燈。

新莊的文昌廟，每年自文昌帝君生日到七月聯考期間，都會安奉文昌首、奎星首、功名首等文斗燈，供準備考試的各種青年學子們認捐安奉。

斗首

斗首又稱斗燈首，乃代表某一範圍區域的善男信女，服侍特定主神以至於其他諸神聖者，每一主神之斗燈，可由一人或數人，或者某一公司行號為奉置的代表人，也就是該斗燈之斗首。

民間俗信，擔任斗首者，因為付出最多，最能夠承受神祇降予的各種福澤，尤其是過去曾任斗首得到神明庇佑而鴻圖大展的善信，更需要繼續擔任斗首，一方面表示酬神謝恩，同時希望神祇再賜福恩，繼續庇佑奉斗之人。一般寺廟在建醮或禮斗活動前半年，便開始公開徵求各斗首，大多很快被預約一空。

各斗首中，又有頂四柱、下四柱及外四柱之分，分別代表最重要、次重要及重要的各斗首，每個斗首依地位、重要性的不同，有不同的認捐作格，過去曾有頂四柱以百萬元計的例子，其他各會首也從數十萬元到數萬元不等，最普遍的平安首也要數千至一萬元，善信們仍競相爭取，最後遂演變成誰出得起最多的錢，便可得到該斗首，善信們爭相競標的結果，最大的受益者顯然還是在廟方。

●斗首的徵選，大多以香油錢的多寡而定。

四大柱

種類繁多的斗首之中，由於捐獻經費的不同，所享的權利及義務當然也不大相同，其中最重要的有頂四柱、下四柱及外四柱三類，頂四柱指主會首、主醮首、主壇首及主普首，下四柱為副會首、協會首、都會首、讚會首，外四柱係天官首、地官首、外官首、三官首等，這些斗首們大多可以直接參與祭典，決定重要的事情，頂四柱更是最後決定權的核心。

民間通稱為四大柱的頂四柱，也是四大醮壇的負責人，主會首負責天師壇（主會壇）；主醮首負責北帝壇（主醮壇）、主壇首負責觀音壇（主壇）、主普首負責福德壇（主普壇），四壇正好分理天、地、人、鬼四門，無論大型的醮祭或小型的普渡，都是不可或缺的組織，由於四大柱的地位重要且崇高，每逢醮典，總有許多人不遺餘力地競相爭取。

●台南三寮灣醮的四大柱正在請王上船。

珠簾與疏牌

直立於供桌上的疏牌，除有請神及裝飾等多重意義外，更可插置疏文，牒呈等文件。

三清宮和科儀桌之間，一般都奉置四大柱和其他重要的斗燈，斗燈前後，則設有珠簾。

珠簾乃是用珠或黃布設一門簾，放下時，正好遮住玉清元始天尊，意指垂簾聽政，但逢發表、啓請、分燈、普渡……等重要科儀時，則將珠簾高捲，由高功道士朝覲三清，也就是拜天闕，表示科儀之重要性。

有些地方不設珠簾，乃用紙糊三清宮，宮門稱作彩門，可做開闔，功用和珠簾完全一樣。

疏牌乃是道士用以奉請三清、三界諸神之牌位，大多立於科儀桌上，五塊或七塊連成小屏風狀，紙板或木板為材，每塊牌上都寫有奉請神明之神號，包括三清、三界諸神、五穀先帝、三山國王、天上聖母、哪吒太子、里社真君、城隍尊神、土地公、境主公等，各宗派所奉之神明皆不同。

●科儀桌上的疏牌和珠簾。

●科儀桌爲道士們舉行科儀的地方。

科儀桌、經桌、天公桌

道場的設施，依壇的不同，供奉不同的神明，進行不同的任務，這點可從各壇供桌不同的名稱窺察一、二。

三清壇前，設有一張主桌，上置疏牌、經、懺、童以及其他紙像，名為科儀桌，清楚說明為道士們舉行科儀之所，為道場中最重要的一張桌子。

三界壇前，一般設有兩桌，一是經桌，為道士們誦經禮懺的地方，一為天公桌，為奉祀玉皇大帝之所，桌上大多設有燈座。兩桌各地的擺法不同，大多數的情形是，經桌置於三官壇前，天公桌置於經桌和科儀桌之間，但也有相反的例子。

道場內的這三桌，並無特別的擺置或設施，全為實用而設之物。

四大元帥

建醮盛會或者普渡祭場內，四大元帥可謂是不可或缺的重要紙糊神祇，用以維持醮場或祭場清淨，防止邪魔外道入侵破壞。

四大元帥又稱四騎，乃為四位騎著動物的神祇，四大元帥分別是黑臉、黑身、執鞭、騎虎的趙元帥；白臉、白身、托盤、騎獅的高元帥；綠臉、綠身、執槌、騎象的康元帥以及紅臉、紅身、執劍、騎豹的溫元帥，因各地主事及風俗的差異，各元帥的姓氏或有不同，四種顏色也可能加入黃色替換，基礎的模式仍不脫上屬範圍。

此外，有些地方則加入其他神祇，擴增為六騎、八騎甚至十騎……，也有地方因場地狹小，簡化只剩兩騎，不管員額多寡，祂們的任務都不會改變。

四大元帥為鎮守之用，一般都被分為兩排，左右對襯立於醮場的出入口或門內兩側，以方便行使職務。

●每醮必見四大元帥擔任護衛。

六騎與八騎

騎實乃騎兵之意，民間以騎護衛醮場，除了最基本的四騎，清代的史料便記載有八騎及二十八宿星君，《安平縣雜記》載：「……里社區街建醮，糊八仙、八騎、朱衣、金甲。若作七七四十九天大醮，糊二十八宿星君神像……」，現今常見的以六騎、八騎為多，偶也可見十騎。

無論是六騎或八騎，都以四大元帥為主，另加其他神祇。六騎則加白臉白鬚，紅冠紅袍，手捧表章，身騎四不像的朱衣公（常被誤為朱熹公）和眉清目秀，身穿金甲，騎馬執旗的金甲神；也有些地方將這兩神糊為立像，另以山神、土地充作六騎。

雷公、電母、風伯、雨師等四大自然之神，若分別騎上龍、鳳、牛、鹿之後，再和六騎併立則稱作十騎，少了雷公和電母，為民間頗常見的八騎，有些地方多達十二騎，則是將山神、土地都算進去了。

●電母和其他三位自然神，便可組成八騎。

●壯雄勇猛的雷公，是南部藝師紙紮神像中的傑作。

山神、土地

大型的紙紮神像中，除了不可或缺的四騎，山神、土地更是重要的守護神。

儘管有些地方將山神和土地，併為六騎，然而，這兩尊民間最親密的守護神，無論所扮演的角色，在人民心目中的地位，都超越其他四騎甚多。

主要職司為守護左右兩門的山神與土地，形制與特徵相當明顯，守左門者為山神，紅臉黑鬚，怒目威容，穿甲持刀，騎在青獅上威風凜凜；護右門者為土地神，黃衣黃帽，白臉白鬚，滿臉慈祥，特徵是騎在黃虎上，有些地方因有土地神中科舉的傳說，會讓這個老人戴上官帽，腰上還加了官帶，除此外，其他特徵及形制都不變。

無論是併入六騎，或者是獨立的山神、土地，這兩尊大家熟悉的紙紮神像，無論在那一處道場，絕對分立於所有神像的最前端，忠心耿耿護衛道場。

●北部藝師所糊的山神(右)與土地(左)。

天師、北帝

醮場的三清壇或科儀桌上，最常見的紙紮神像，首推天師和北帝。

一般都採坐像，高約在三、四十公分的天師和北帝，乃指張天師和玄天上帝，這兩尊正好一白一黑的神祇，在大規模的醮祭中，幾乎都設有外壇供奉，有內壇仍奉有祂們的神像，小規模的祭典根本不設外壇，天師北帝仍常可見到坐在三清壇左右兩側。祂們擁有如此特殊的地位，乃因被道士奉為師聖，在任何科儀前後，都必須分別主兩聖前行禮膜拜，稱為「啓師聖」或「謝師聖」，祭場中時時可見，也就一點不足為奇了。

天師和北帝，在醮場的任務有二：一是監視道士們做法是否確實，同時也負有保護醮場安全的責任。

●醮場中的天師（右）和北帝（左）。

青龍、白虎

談論規模大小的慶成醮，必有一個安龍慶成的科儀，這個科儀所需的物品，除了六獸山，還有青龍、白虎兩紙紮的動物。

慶成科儀，大多先送白虎出庄後，再安置龍神於正殿神龕下的地底中，所送及安置之物，也就是紙製的青龍及白虎。

長約莫三十公分上下的青龍與白虎，龍大多採飛龍狀，白虎也稱虎煞，都為閉口，以免傷人，有些地方還特別加上翅膀。有印刷及紙紮兩種，小規模醮典或開廟奠基儀式，大多用二十公分左右，印刷成形的青龍與白虎，稍具規模的祭典，才可能見到紙紮成形，栩栩如生的精緻藝品。

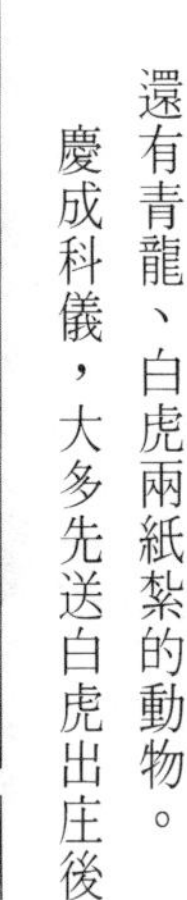

●青龍和白虎僅在慶成醮可見。

經童、懺童

醮祭場合中，有許多高僅一、二十公分的小神像，扮演使役的角色，在壇內供道士、神明使喚，或分派到廟外五方，負起引領之責。

經童和懺童，常在三清壇前，或在珠簾兩側可看到，經童於左，懺童於右，不可錯置。童子造形，手作捧經懺狀的經童和懺童，主要的功用是掌理經書懺文，但實際上卻沒有什麼機會派上用場，一般都糊得相當粗糙，有些地方甚至根本就省略掉了這兩個平凡的角色。

●經童和懺童爲可有可無之物。

表官和表馬

醮典和普渡場合中，最重要的莫過於將疏文上達天庭，讓玉皇大帝知悉，將民間文書送往上天的工作，也有專門的人員，南部地區稱為表官，北部則叫功曹，且分三界，每界負責之人不同，上界為蕉公奴，中界是鄭元喜，下界名張元伯，祂們的座騎就叫表馬。

表官和表馬體積都不大，約僅一尺左右，表官正面呈立體狀，雙手環繞在胸前，中留一圓圈可供放置表文之用，背後則為平面狀，表馬則整隻立體糊馬，馬頭朝下，眼、耳、鼻乃用筆畫成，腳下連一底座，以方便站立。

民間祭典中許多科儀都有上疏的儀式，道士或僧人於典禮中讀完疏文後，便交付給表官，其他的神職人員再將表官、表馬以及一疊金紙一併送到壇外的天公爐中，放火焚燒，表示送神歸天之意。大多數的科儀都必需送表官與表馬，因而事先便得準備足夠的數量置於醮場中，以利隨時取用。

●送表官表馬前，必須先向祂們敬酒。

疏文

醮祭法會最主要的目的，乃為禳災、祛禍與祈安，為達目的，必須將民間的祈求、願望，子弟的虔敬心意，參與者的姓名等，一一上奏天庭，疏文便是人們上奏天庭的正式文件。

無論祈福、解運、普渡、建醮或者獻祭場合，都不可或缺的疏文，雖因各主事者身份的不同（道士、法師或僧人），流派的差異以及學藝的精劣，使得疏文的形式出現多種不同的樣式，每份疏文中，應包括的：上疏事由、懇祈的項類以及參與與弟子的名錄，絕對必須完全齊備。

每個活動或科儀，祈求的內容以及參與的弟子都不大相同，因而要備有多份不同的疏文，上疏時由主事者在醮壇神前唸誦後，連同金紙及疏文，一併至天香鼎或天公爐中焚化，以示上傳天庭之意。

●無論祭神祀鬼，都要準備疏文。

天香鼎

民間祭典中，對於上疏天庭的文件，必至天公爐中焚燒，醮祭或重大的法會，道場中都會特別設一天香鼎，專門用來焚燒關牒表疏、金銀財帛以及表官表馬……等。

天香鼎或稱天鼎、天香爐，出現在三獻祭典中的望燎時，則稱作燎所，為淺底鐵鍋，下為三根交叉鼎立的竹架，高約一百六十公分至兩百公分之間，有些小型祭典，只將鍋放置於地上，並不墊任何東西。

遠離地面，透過煙火裊裊升天，借以通神的天香鼎，疊置疏文表件及焚燒，在道教的經書中有清楚的說明「……諸焚化文檄，宜以木為高架，其上橫直疎鋪待平正，用金錢數千蓋之，方堆疊，方函有關牒則側安方函縫中，雲馬亦如之。金錢散堆其上，四畔縱火，頃刻而盡。若就紙爐中，以錢馬關牒攤於下，火氣不通，委難焚化。」（宋林竇真編《靈寶領教濟渡金書》）。

●天香鼎專爲焚燒疏文之用。

三官亭

紙紮的器物中，亭和所代表房舍之意，供眾神與諸鬼休息、更衣、沐浴之用，每個亭所，依名稱的不同，接待不同的對象。

在客家地區最為常見的三官亭，乃為接待三官大帝，大多奉置在內壇，一般善信根本無緣見到。無論大醮或者小普，必設有三官（界）壇，祭典啓始便需請來三官大帝，祈求為境內的善男信女賜福降恩，直到醮祭結束才送諸神回返天庭，三官亭正是準備在這段期間供給三官大帝歇息之所，為方便起見，大多奉求三官壇前或者側邊。

三官亭的設置，雖可看出民間的周到之處，但有許多地方認為，已設有三官壇，無需另設神亭，使得三官亭成了非必備之物，許多地方就硬生生地省略掉了，不過若在向來重視三官大帝信仰的客家莊中，每醮必可見到三官亭。

●三官亭在客家庄較易見到。

褒忠亭

褒忠亭是客家地區醮祭、普渡場中特有的紙紮建物，供祀的對象則是褒忠義民爺，為台灣客家人特有的神祇，在客家人的心目中，地位更是崇高，規模比寒林、同歸所大一倍以上，裝飾更見繁複，且大多擺置在道場內，和三官亭相鄰，以顯示祂為神位而非鬼所。

客家人供奉的褒忠義民爺，為清代朱一貴事件與林爽文事件，奮勇保衛家庄而死難的客家先民，因受清廷褒封為義民，而成客家人敬奉的神祇，清中葉以後，義民爺的信仰漸擴及全台各地的客家莊，每逢迎神賽會或者地方祭典，也都要奉請義民爺，直到今天地位仍堅定不搖。

義民爺雖然為戰死的亡靈，但在客家人心目中的地位極重，長久以來便被視為亦神亦祖，客庄的建醮或普渡場中，都把褒忠亭奉置在內壇，形式上也不同於寒林、同歸所的單間式，由三間組成，中庭並寫有楹對，如：「褒自熙朝榮萬古，忠留台島頌千秋」，內供奉褒忠義民神位，側殿供奉客家先賢以及當地聖哲，十足表現出有別於其他鬼所不同的地位與氣派。

●三峽祖師廟醮所設的褒忠亭。

●六獸山僅在慶成醮可見。

六獸山

六獸山為醮場中比較特殊的紙糊神祇，一般的醮場都難覓其蹤，僅在慶成醮中才會出現。

傳統的道教中，本就有六獸，「青龍屬木、朱雀屬火、勾陳屬土、螣蛇屬土、白虎屬金、玄武屬水，也稱六神，乃陰陽家占卦起神用。」（楊逢時《中國正統道教大辭典》），這六靈獸也都分別有所主宰：青龍主財祿喜、朱雀主文書、勾陳事豐通、螣蛇多怪異、白虎破財凶、玄武陰私事。

醮祭中的六獸山，或稱六宿山大多為長形直立狀，上端為開展扇狀，青綠的山形上，分置「青龍、白虎、朱雀、玄武（即龜）、螣蛇（即蛇）、勾陳（龍頭、蛇身、細鱗）等六種實在或假想動物者，……用於安龍科儀，故慶成醮必備。」（劉枝萬《台北市松山祈安建醮祭典》）。

六畜山

醮祭法會中，除了六獸山之外，另有一種福佬話發音極為近似的六畜山。因而，有些人認為，六畜山的興起，最初就因音誤而來，後來才逐漸轉化成人們所飼的畜牲。這種說法雖然沒有依據，但有些地方，確有人將六獸山叫成六畜山。

李叔還編《道教大辭典》對六畜的解釋是：「牛、馬、羊、犬、雞、豕為六畜也。此六畜為人所飼者。」民間的祭典法會，將這六種和人們生活息息相關的動物聚於山中，目的則為「六畜保興生。」（《北斗本命誕生經》）。

六畜山的造形和六獸山相當類似，山上則奉有六種動物，有的純動物化，有的則塑成人面動物身，主要乃藝師手藝的差別。

●民間誤用的六畜山，實取十二生肖動物的一半。

●基隆中元祭所設的幡頭和虎牌。

幡頭與虎牌

道場科儀中，有一部份必須出巡外場，或者帶領隊伍到河邊放水燈，為了增加出巡隊伍的威儀與壯盛，大多會備一些儀仗，包括幡頭、虎牌、字牌等。

幡頭或稱香幡，竹紮成半圓形，有點像圓帽狀，上端繫於竹上，可供出行持用，下端綴有許多細長紙條，可隨風飄動，兩個為一組，醮祭規模大時，常設有多組，以便道士們分成幾組外壇獻敬時，可分別為前導。

虎牌和字牌，也稱平安牌，近似寺廟中的長腳牌，差別在於用紙糊成，虎牌因繪有虎頭形而名，字牌則僅書寫文字，如「××廟建醮法會」，「合境平安，風調雨順」等字樣，其功能和目的都只是增加道士隊伍的排場而已，數量、性質並不限制，以夠用為原則，出行時，由人持舉跟隨在幡頭之後。

幡頭、虎牌和字牌之間，並沒有必然的關係，任何地方都可能僅有其中一項，而缺其他兩項，也可能有三項都不備之例。

●手持字牌外壇敬獻的執事人員。

招魂幡

招魂幡顧名思義，乃為招引孤魂的幡引，民間俗稱孤魂引，另有人稱手幡或者手幢幡……等。

道場中的招魂幡，並不同於喪祭場合中，專門招引某亡靈的幡引，而用來招引普眾的孤魂野鬼，一般僅用於施放蓮燈、施放水燈以及普施法會中。

用黃紙或白紙剪成幢幡形，上書「承奉東宮慈父太乙救苦天尊，接引十方無主孤魂滯魄，投往生方」之類字樣，繫於透青竹上，便成招魂幡，道士於前述的幾個科儀中，誦經禱祝，搖動招魂，以招引孤魂野鬼前來接受普施，至科儀結束，則連同大士爺等一併焚化歸天。

不僅道場醮祭中要用到招魂幡，一般的中元普渡或其他普渡法會，只要請道士、法師或僧人來主持儀式，他們手上必都持有一支招魂幡，以利法事進行。

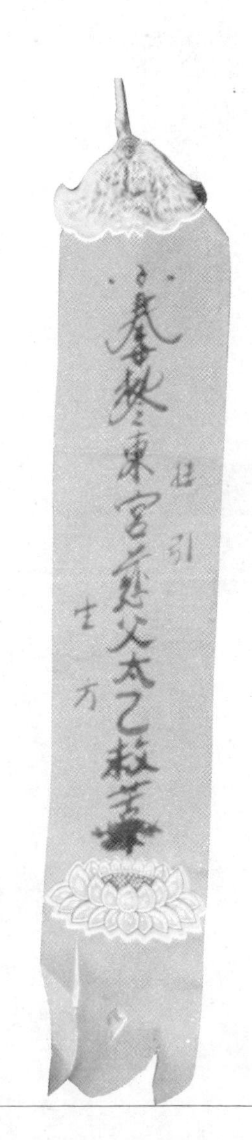

●普渡法會使用的招魂幡。

大士爺

道場醮局中，有許多神祇或設備，都是因應祭場的需要而設的，醮祭結束後，必須再送歸原位，這些臨時性的神祇或物品，大都以紙紮成，以利謝壇時火化。

醮局中處處可見的紙紮藝品，以大士爺最常見且最具代表性，俗稱鬼王的大士爺，主要的任務是鎮守醮局，掌管眾鬼。

頭長雙角、口吐長舌、青面獠牙，身穿金黃色盔甲，造形相當誇張的大士爺，擁有這副駭人的面目，主要是為了威嚇眾小鬼。頭上頂著一尊觀音大士像，象徵頭頂慈悲，保護境內的善男信女。另說是監督大士爺，以免祂「鬼」性難改。

清代時，台地的中元祭典中，大士爺便扮演重要的角色，《嘉義管內采訪冊》載：「迨七月一日起，每日下午陰風慘淡，撲人面目。嘗聞鬼聲啼哭，人人畏懼，戶戶驚惶。時有觀音大士，屢次顯身，俾街中人共見之。高一丈餘，頭生雙角，身穿紅甲，青面獠牙，火炎舌舌，吐出一尺餘長。若見大士，陰風輒止，鬼聲皆息。人知大士足以壓孤魂，由是眾街祈禱必應，威靈顯赫……」後來才逐漸延伸到各種普渡祭典以及建醮法會中。

●大甲醮中造型特殊的大士爺。

●安定蘇厝真護宮送王船所設的巨型大士爺。

大士山

●眞護宮的大士山，山上還有國民黨的標誌。

以竹為架、用紙糊成的大士爺，各地大小並不相同，小者僅五、六尺，高大者可及二、三丈，視各地區的慣例而定。此外，另有一種大士山，為長形立體，上端有一球形或扇形斜座，面上供置大士爺、觀音佛祖以及其他諸神的紙像。

大士山俗稱普陀岩，代表觀世音菩薩的化身，清代時，這樣的觀念就相當普遍，《安平縣雜記》載：「作普渡前夕，必先豎燈篙，放水燈，請大士（大士俗傳為觀世音菩薩化身）……」。一般而言，大士山上除了立在正中的大士爺以及身後的觀世音菩薩外，還有天師、北帝、善才、龍女以及赴西方取經的三藏師徒……等。

由於地區的不同，大士山出現的場合也不大相同，北部地區，有些人視為出殯之物，不用於道場，但僅少數特例，許多地方仍用於規模較小的醮祭、法會中，南部地區的中元祭典用大士爺，其他醮祭、法會都用大士山，且南部地區的大士山，底座大多做成岩石狀，以代表普陀岩。

神虎爺

道場醮局中，鎮守大門口的除了大士爺或大士山，還經常可見到神虎爺。

神虎爺又稱虎爺、神虎將軍，用竹紮紙糊而成，並非每醮都設，若設置一般都立於大士爺之前或左側，民間信仰中，祂和大士爺是一對最厲害的鬼王，任何孤魂野鬼都不能脫離祂們的掌握。

採立姿，全身黃色虎斑衣，淨臉怒目，頭戴虎盔的神虎爺，另一種形貌是：「紅臉，無鬚，怒目，作兇惡狀，著紅袍，披連帶虎頭之虎皮背心，將虎頭戴於頭上，宛如帽狀，右手執小令旗。」（劉枝萬《台北市松山祈安建醮祭典》）。早期祂的地位甚至超越大士甚多，道藏及道士的經書中，常可見神虎而無大士，蔣叔輿撰《無上黃籙大齋立成儀》稱神虎為「三界直符神虎追魂使者」，宋林靈真編《靈寶領教濟度金書》則稱作「北魁玄範府神虎何喬二大聖。」民間相傳，何為何伯虎，也就是神虎，喬為喬大士，亦即大士爺，兩神主要的任務就是緝捕遊魂野鬼，以免他們享受普渡盛宴後，仍滯留人間，依草附木，為害人民。

神虎爺大多出現在五朝以上的大醮中，民間習慣於大醮中，舉行兩次普施法會，第一次普施，由神虎爺鎮守普渡場，第二次再由大士爺上陣。

●神虎爺相當罕見，此爲三峽醮的神虎爺。

金山、銀山

醮祭、普渡場合中常見的紙紮神器中，有一類為表示眾多而以「山」稱之的器物，金山、銀山以及大士山、經衣山、六獸山、六畜山都屬於這類的產物。

金山和銀山並非指神明，而是金紙、銀紙供奉成山之意，主要的功用為敬神，一般都擺在醮場外的寒林、同歸所旁或立於四騎之後，並沒嚴格規定。

由於各地藝師的流派與手藝的不同，金、銀山的形制也差異甚大，大體而論，都以竹材為架，下半部為一長方型的底座，糊上白紙後再貼吉祥圖案，上半部則為半展開式平台，台形呈凸字，上面再貼上金泊紙或銀泊紙，也有的乾脆就貼上金紙或銀紙，以示金紙、銀紙成山，供祀王地諸神以及陰間眾鬼。

金、銀山雖是並不怎麼起眼的東西，卻是民間供品象徵化的重要範例，實有必要多多推廣，如果一金山代表十萬錢或百萬錢，民間便不必於每種祭典時，都要燒掉數十甚至數百卡車計的金銀紙了。

●金山和銀山，以貼的是金紙或是銀紙做爲區分。

經衣山

經衣山也是民間紙製祭物中常見的獻祭品、功能、造形和金山、銀山近似，唯一的差別是山型上貼的東西換成經衣錢。

經衣山主要的作用，是提供孤魂野鬼所需要的衣料服飾，山上貼滿了經衣錢，每張經衣錢上都印有許多衣服、褲子、剪刀、尺、縫線……等，以象徵衣料服飾，獻給孤魂野鬼們，供他們換新衣裳。

由經衣錢貼成的經衣山，有些地方會特別在山上製作五個小紙像立於其上，或者一些生肖動物，表面的作用是增加經衣山的可看性，吸引人們的視線；實際的功能，是請那些兵將靈獸看管經衣之意，以免在還沒正式獻祭之前，便被其他的邪魔外道侵佔，使得要普施的孤魂亡靈得不到這些衣物服飾。

●經衣山上貼滿經衣錢。

寒林所

紙糊而成房屋形制的器物，也是民間建醮和普渡盛會中必備的物件，這些紙紮的「建築物」，因用途的不同而分成數類，寒林所為最普遍易見的一類。

寒林所原是鬼魂暫時歇息之地，原本和同歸所的功能相當類似，唯收容的漸偏向窮寒的文士，一方面受到此特質影響，同時又因福佬話讀音與翰林近似，近來大都被改為「翰林所」或「翰林院」。

由寒林所蛻變成翰林院，接納的對象也有明顯的區格，一般都限於「歷代文武名賢幽靈亡魂」或者「歷代名宦賢達文人雅士」，造形方面也由原本一般家屋的形式，改變得較豪華，或者改成重疊頂，或者加上燕尾，造形上顯得較接近官衙府院形制，顯示了從寒林到翰林，雖然是因錯誤而生，但相延至今，卻發展出完全新的意義與功能，至少，也可以說是對讀書人的一種禮遇吧！

●基隆普渡所設的翰林院。

●三峽醮中的寒林所。

同歸所

同歸所也是普渡場中最重要的紙紮建物之一，除非規模極小的場合，一般都不會省略掉它，且必和寒林所同時出現，極少出現只有同歸所而無寒林所的情形，更不可能只設寒林所而不見同歸所。

同歸所的形式都仿一般性的家屋，以竹條為骨幹，紙糊而成，所下有一層底座，用處只是將同歸所架高以方便民眾祭拜。

同歸所大多設有一門及兩窗，門上橫著書寫「同歸所」字樣，另設有門聯，上書「是男是女同伴宿，相呼相喚共來投」之類的字樣，門內則有一紅紙剪成的香座，上書「召請本境界內五音雜類一切男女無祀孤魂亡靈等眾香位」。

同歸所及寒林所於醮祭或普渡前安置在壇外，除早晚要上香祭祀，還得供奉孤飯，以祭祀孤魂野鬼，直到普渡完後，送神之祭一併放火焚燒，送回天庭。

●新埔義民節的同歸所。

●先賢亭專門接待先賢聖哲。

先賢亭

紙紮的亭所，依擺設地點的不同，大概可以類分出祀神或奉鬼之所，一般而言，置於內壇的都為供神，擺在外場的，全為接待孤魂野鬼，少有的例外，大多因特殊的因素所致。

擺置於外場的先賢亭，一般都在寒林、同歸兩所的側邊或者後方，這樣的安排正表示孤魂野鬼先由前兩所接收後，特定的先賢能人再請入先賢亭中休息。

先賢亭顧名思義，乃是供奉先賢聖哲的處所，其質材、高度與寒林、同歸兩所大體相同，但房舍較為窄小，裝飾也較簡單，門內的香座則書寫「××姓氏歷代先賢聖哲等香座」或者「××公會（單位、行業）為公捐軀先賢諸公香位」之類的字樣。先賢亭以專門的亭所，接待亡逝的先賢聖哲，正是人民對於賢達之士由衷的敬仰與尊重。

沐浴亭

人類的世界中，家屋中必要設有浴室，做為每日盥洗潔身之處，在鬼神的世界中，設置同歸、寒林所之餘，也必有沐浴亭，以供眾孤魂野鬼沐浴淨身。

高僅四、五尺左右，簡單家屋造形，大體呈素色，裝飾極少的沐浴亭，除題有「沐浴亭」字樣，亭中或亭前置有一盛滿水的臉盆，內置一條新毛巾，旁另有一漱口杯、牙膏及肥皂，這些清潔用品都是供給孤魂野鬼們使用，有些地方甚至每日換新，以示對眾鬼們的尊重！

沐浴亭的功能特殊，安置的地方也經過安排，一般都安置在廟或祭場的入口處，有些地方受限於地方，擺在同歸、寒林所之前或者燈篙之下，意指孤魂野鬼風塵僕僕而來，馬上就可以先清洗一番，再好好享用祭品，這種習俗正是傳統台灣人的待客之道。

●沐浴亭供孤魂野鬼沐浴之用。

更衣亭（男堂、女室）

道場中設了屋舍，準備了沐浴之所，人們為更周到地招待孤魂野鬼，醮祭及普渡場合中，更設置了更衣亭或男堂、女室，做為男鬼和女鬼的更衣之所。

更衣亭或男堂、女室和其他紙紮的建物最大的不同之處，除分男女用途，形式上也較自由，可用紙紮品糊成房舍狀，也可以用木板搭成，無論是什麼樣的更衣亭，必要有可關的門或者門簷，房屋狀的更衣亭，則設兩門，上書男堂或女室，以免男女鬼誤闖入禁地。

更衣亭或男堂、女室都為更衣之所，室內設有鏡子及梳子，以方便眾鬼們整理儀容，也有人認為是男女鬼們的廁所，或者說是更衣兼廁所……，種種說法雖不同，卻實際提供給孤魂野鬼們許多方便，人們這份周到的心意，眾鬼們都要衷心感激才是。

●女室中還置有臉盆，供女鬼們洗臉化粧之用。

五方童子

五方童子，顧名思義乃是鎮守五方之童子，一般都配置在廟的四方，中央的童子則安於廟正前方或大士爺前香爐，主要的功用有二，一是鎮守廟境，二為引領孤魂野鬼。

民間傳說，五方童子分別是五個孩童夭亡而成神，東方稱青靈啓道童子，手持青蓮花，南方稱丹靈啓道童子，手執紅蓮花，西方叫皓靈啓道童子，手拿白蓮花，北方叫玄靈啓道童子，手上拿的是碧蓮花，中元的為元靈啓道童子，手持黃蓮花，祂們五人的任務，都是接引亡靈引路開道。醮祭初始，眾神開光點眼時，也要將五方童子開光，之後便可安置在廟外，負責廟境的清淨。

普施法會之前，一般到徹回五方軍，以方便眾鬼接受賑濟。「自中午『拜天公』儀式完畢後，未幾即將配置於廟外周圍之五方童子紙像收回，存放於三界壇內，警備既深，孤魂齊到，道場外圈，自成鬼域，等待賑濟。」（劉枝萬《台灣民間信仰論集》）。

●鎮守醮壇的五方童子。

●規模小的醮祭，五方童子不僅簡陋，經常可見集中一起奉祀的情形。

平安軍

小型的紙紮神像，因南北地區的差異，也會出現許多變貌，南部地區的平安軍便是典型的一例。

平安軍也是臨時性的守衛者，必須於任務完成後，回歸到天庭，因此都用紙紮成。原自五方童子蛻變而來的平安軍，高約一尺，共有五個組成、分成青、紅、白、黑、黃五色，青軍守東方，紅軍守南方，白軍守西方，黑軍守北方，黃軍守中央，主要的任務卻是鎮守燈篙，場地較寬時則依方位分守五方，場地小或燈篙少時，往往都集中在一起，安奉在燈篙下遙控四方。

儘管形貌、服制和五方童子相當類似，但專門護守燈篙，以祈境內平安，而稱平安軍，無論從職司、名字來看，已截然不同於五方童子了。

●鎮守燈篙的平安軍。

安鎮壇符

醮場裡裡外外都佈置妥當，各種紙紮神祇也都安置妥善後，道士得安符淨壇，以免為邪神侵入，破壞道壇清淨。

安符淨壇首要的為鎮壇符，黃紙紅字的鎮壇符，各宗派的內容都不相同，祈請萬法宗師或鳳凰麒麟護法鎮壇的功用則大抵相同，一般都安置於道場五方，貼於各個角落，以防兇煞。也貼在三清壇、三官壇及道士房、香辦房門上，甚至還安在外壇上，以防萬一。

鎮壇符安置妥當，還有清淨符及水德星君符。清淨符為淨地去穢之符，焚燒於淨水缽中，用以清淨五方；水德星君符又稱水符，為黑底白字，以應北方之位，借水以滅火，為民間信仰中，法力最強的滅火符，也是舊時人們對付水火無情最有力的武器，道士們於醮場中安水符，主要是為了鎮壓火災，長保境內子民免去回祿之災的侵害。有些善男信女深信水德星君符之法力，都在道士安符時，來要幾張回家貼在門口及廚房等處。

●各家門派，淨符或鎮壇符也大不相同。

狀元府

醮祭法會或者迎神賽會，南北香客往來總會吸引許多乞丐，這些乞丐不是盤踞埕前廟後，就是趕在迎神隊伍之前，一一向擺香案的人家要紅包，有些寺廟為避免這些困擾，特別設置狀元府以安置乞丐。

並不能算是醮局或祭典必備的設施，但在大型祭典中常可見到的狀元府，實乃乞丐寮的美稱。乞丐的祖師爺鄭元和或呂蒙正，都曾為乞丐而後高中狀元，民間為表示對乞丐的重視，乃以狀元府稱之，設備卻相當簡陋，大都僅一布棚而已，乞丐憑貧戶證明或其他證明，向管理人員登記，便可自行攜帶棉被（甚至兩手空空都可以）來佔一舖位，醮祭慶典期間，晚上有得住，三餐有得吃，另有兩頓點心，天氣炎熱有飲料、汽水供應，每天還有數百元的零用錢可領，「福利」算是相當不錯，相對的，廟方也絕對禁止任何人再利用祭典期間，在廟前廟後行乞。

●台南將軍醮所設的狀元府一景。

3／醮祭科儀

科儀

醮場祭儀中，要舉行許多科儀，道士們對於各項法事祭典，更須「照本宣科」，所照之本也就是科儀本，科儀之重要性可見一斑，但什麼是科儀呢？

科儀的科，乃是指動作，祭典中的每個動作，都必須依照既定的程序和法則而來，也就是所謂的「依科闡事」。儀包括典章制度中所有的禮節和法事，也就是在每一個節目的進行中，都必須依祭祀對象的神格、地位，分別行禮如儀，以示尊崇敬聖之意。

在中國的歷史上，道教曾經數度成為國家之祭典儀式，因而自古以來，道教便最重行事之科與行禮之儀，台灣的民間信仰，因受中國道教影響頗大，醮祭科儀又全部抄自中國的道教而來，因而無論南北的醮場，不管主醮道士師承何人，翻開醮科表，總是一個接一個的科儀，而這些科儀又因大多全在封閉的道場中舉行，一般民眾完全缺乏接觸的管道，自然就顯得陌生了。

●科儀本是道士進行科儀的主要根據。

開燈引鼓

醮場的佈置大致就緒，各項準備工作也告一段落，接下來便等待良辰吉時到來，正式入醮。

民間對於時間的算法，是從半夜十一點為一天的開始，第一天的科儀，往往從半夜便展開。在正式的科儀之前，還有一些事前的預備性活動，諸如開燈、引鼓、起鼓、發表、開光等等，一般都在前一天黃昏之後便開始進行。

揭開醮祭序幕的第一個活動，有些地方先行犒軍，大多數則以開燈引鼓為首。開燈乃指點燃斗燈，由道士自神前引來聖火，祈請後分交正副爐主，點燃於總斗燈，再次第引點至各斗燈上，一般醮祭，由於斗燈眾多，點燈相當耗事費時，斗燈點燃之後，便需日夜護燈，不得熄滅，否則將遭逢厄難。

正式起鼓之前，道士需依值年吉位，至廟外點香燒金，乞求諸事大吉後，一路敲鼓走回道場，稱作引鼓。進入醮場後，場中的鼓樂齊奏，熱鬧喧嘩，是為皇壇奏樂。

●開燈儀式，揭開整個醮祭的序幕。

入壇步罡

醮壇佈置妥當，要正式進行各種科儀之前，道士要舉行幾個非科儀性的儀式，以示隆重啓始，這些儀式包括：入壇、步罡、淨壇、開香、稽首以及禮拜等。

入壇又稱上壇，乃是道士正式進入醮壇的儀式，經過這個儀式之後，道士必須拋棄一切俗事雜念，直到謝壇為止，因而入壇首重調心養氣，此外，一般都要選特定的方位上壇，大多是從西北方的天門方位進入壇中，以示天師庇護之意。

步罡乃是指步法之意，道士無論幾人上壇，都必須踩一定的步法行進，稱之為步罡，大體而言，道教首重三寶罡，此外也有許多人以七星罡入壇，無論用的是那一種步罡，都為表示隆重以通神召靈之意。

●入壇的步法各宗派互有不同。

開香稽首

進入醮壇，首要的是淨壇，也就是把妖魔邪道驅逐出境，一般都用符水或七星劍淨壇，完後則正式開香。

開香乃是正式在道壇上焚香，一般都由高功道長主持，除了以嫻熟的動作分別上香及捻香外，同時必須唸誦開香咒文，並有爐主或頭家手持手爐在後跟拜，道士們在主爐上插上香後，也會在手爐及其他各爐插上香，自此一直到謝壇，道場裡裡外外的香都不能斷，否則唯恐醮事不能順利進行。

稽首和禮拜，則是開香之後，為表示為神靈的崇拜以及感恩，由道士們率領所有的爐主頭家們，在壇中行三跪九叩大禮之意。道教稱為稽首，乃是指將額首稽留至地的意思，禮拜自是行禮之意，一般行禮僅一拜，最敬之禮就須要九拜。

上述諸多基本禮儀，雖屬舊時古禮，但直到今天，仍被謹慎遵守著，必須一一舉行過後，才正式進行醮祭科儀。

●基隆雷成壇的開香儀式。

皇壇奏樂（大鬧皇壇）

醮祭科儀中，正式開始的第一個節目為皇壇奏樂，此外，每天晚餐之後也要重覆這個科儀，以熱鬧醮場。

皇壇奏樂或稱大鬧皇壇。皇壇乃指玉皇大帝壇，也就是三清壇之意，每天晚飯之後，約有半個鐘頭約需大鬧一番，乃是用音樂炒熱氣氛，又稱為鬧廳。

民間信仰之中，有許多場合，如壽誕、喪祭、迎神……都需鬧廳，傳統的野台戲演出，也需在開演前半個鐘頭鬧棚，主要的目的是預告正式節目即將開始，各方準備不及的人員或觀眾可以及早準備，當然更有增加熱鬧氣氛的效果。

醮典中的皇壇奏樂，也是為了增加熱鬧的氣氛，此外，許多普通的斗首往往因受限於場地，不能在正式的科儀中參拜（每個科儀參拜的斗首都有限制），可趁著皇壇奏樂時到醮場中上香，祈求平安。

●皇壇奏樂有鬧場的功能。

發表啓請

經過鼓樂齊奏，熱鬧無比的皇壇奏樂，接著首要的儀式性活動為發表啓請。

發表啓請為任何醮典中不可或缺的科儀，由於各醮科的主醮者和主事者並不相同，有的分為拜發表章和啓請眾神兩個活動，有的則合而為一，無論怎麼處理，所含的兩個意義是不會改變的，發表乃是邀請天地諸神降臨鑑醮，並宣讀建醮的表章，同時還在儀式中，由道長一一為醮場內的諸神祇，包括三清壇、外壇諸神、康趙元帥、大士爺、山神土地、四騎、雷公、電母……等舉行開光點眼的儀式，讓眾紙糊神像賦予神靈。完後接著將五方童子安置於醮場五方。

啓請則是諸神安位之後，表示恭迎與請安之意，儀式簡單，但意義重大，完成了這些基本的科儀之後，才能正式進行各種祭儀。

●發表的重點是宣讀醮祭的表章。

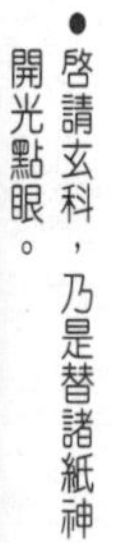

●啓請玄科，乃是替諸紙神開光點眼。

封山禁水

齋戒為道教表現虔誠與戒慎的行為，建醮期間，境內善信都必須戒守齋素，以示虔敬之心意，維持建醮法會的聖潔，迎神降臨賜福，封山禁水表示開始齋戒，這個科儀都在發表啓請前後舉行。

封山禁水本身的意義是指封住山區和水域，禁止人們上山砍材、打獵，也不得到水裡去捕魚、……等廣義來說，則是禁止任何殺生行為，境內的善信們都得避免葷食及一切刺激物，市井不得販售雞鴨魚肉；在內壇，一切因殺生而得到的皮件，無論是皮鞋、皮帶以至於皮包，都不能攜入，以維內壇的絕對聖淨。

道士們進行封山禁水科儀，重點是唸誦《往生咒》，超渡天地生靈，然後用兩個陶盆，分別裝入土和水，再用符咒封住，懸掛在三清壇上，表示從此刻開始，直到拜過天公開葷為止，境內善信絕對務必守戒，不得殺生，甚至連蚊子、昆蟲都不能，以免損害了自己的福份。

●封山禁水後，連鼓皮都要蒙起來。

送壇主安座

發表啓請科儀中，開光點眼的眾神，包括所有外壇供奉的諸神，諸如觀音佛祖、玄天上帝、三官大帝、福德正神、張天師、天上聖母、文昌帝君……祂們必須安奉在各醮壇，以利內外壇同時進行各種祭禮，因此接在發表啓請後的，便是送壇主科儀。

各壇壇主送到外壇供奉，只能算是個小節目，沿途道士仍敲鑼打鼓行進，隨後還有各壇斗首隨香祭拜，到了醮壇，道士首先需用符水清淨五方，再誦經禱祝，並請壇主登壇安座，全部約需十分鐘可以完成。道士及各斗首們再依序到下一個醮壇送壇主安座，直到全部醮壇安座完畢。

醮壇自從壇主安座之後，便為聖潔之地，一般人不得隨便接近，壇中更設有專門人員，二十四小時守衛，同時也隨時為壇主焚香換果，一般人民雖不能進入內場，但看到壇主安座，也能感受到已正式進入醮期。

●送壇主至醮壇，各會首要隨行。

安奉灶君

啓請眾神之後，一般都同時進行內外兩個科儀，外壇是送壇主安座，內壇則需安奉灶君。

各派道士主持的安灶君儀式，名稱都不相同，或謂宣經安灶，或稱行香安灶，目的則為及早安妥灶君，祈能「上天奏好事，下地保平安。」。雖只是個小節目，但民間每年都要送神及接神，和灶君的情感、關係都特別深厚，對這個科儀反而特別重視，「信徒亦各於自宅廚房灶君神前，虔備香燈茶果，上『灶君疏』後，自行焚化，祈求合家吉昌，謂之『安眾灶』。倘民宅未設灶君神位者，則當天臨時設香案而舉行之。此『灶君疏』乃事前由醮局統一印頒，每戶一份，俾自填姓氏者。人民虔奉灶神為一家司命，惟恐不周之情，可見一斑也。」（劉枝萬《台灣民間信仰論集》）。

除了家家戶戶安灶，醮局本身也得於廚房處

安奉灶君神位，每天早晚都要向灶君獻敬供奉，以祈醮事中所有的功德，都能借灶君之口，向上天傳達。

●安奉灶君，在廚房進行。

解結赦罪

西方的宗教都認為人是有罪的，強調「真主」才能夠赦免他們的罪，死後才能升上天堂，道教也有類似的說法，但並不強調真主，反而借著醮典的科儀，大公無私地為善信們解開冤結，赦免大家的罪過。

旨以消解仇恨，宣揚道德的解結赦罪，需四位道士主持，他們先在三清壇前敬神起科，馬上便移到三界壇前，由兩位道士分別站在三界壇兩邊的高板凳上，壇後還放一盆水及一把火鉗，先由高站的道士依序輪流宣讀平時最易積怨結仇的三十六結，隨拜的人員以及善信們則分列兩排，由兩名道士前導，每讀完一結（有些地方為節省時間，改成僅讀完三結），則依序從壇前到壇後繞一圈，走到水盆旁，每人取一張金紙點火焚燃，再放在火鉗上，並丟一塊銅板至水中，直到所有的結讀完，站在高板凳上的道士則取出提秤，秤鈎上繫有一把綁著活結的黑紗線，要每個人分別拉一線頭，活結自然解開，表示過去的寃結自此完全解開。

解結赦罪主要是為人們解脫罪和寃，並不限醮祭才可見到，許多禮斗法會或者齋戒活動中，也常可見到道士或僧人為善信們解罪。

●解結赦罪要設水盆，供人們丟擲銅板。

●每拉開一條線，便代表解開一個結。

●三峽廣遠壇的祝燈延壽科儀。

祝燈延壽

民間信仰中，人們對於神祇的禱求，不外乎喜慶、吉祥、平安和長壽，尤其是長壽，一直是人類最重要的夢想。醮祭中的祝燈延壽科儀，正是人們祈求延年益壽的節目。

祝燈延壽大多在醮典第一天晚上進行，先是道士們登三清壇，誦經祈福並壽後，由三名至五名手持火把的道士在三清壇前走步換位，並搖動火把，照耀整個醮場，然後再到三界壇前搖晃過後，步出道場，分別至大士爺、燈篙下以至於道士房、廚房等一一走動照耀後，再回到三清壇前，繼續誦經完成祝燈延壽，增添壽齡的科儀。

這個節目中，最重要的乃是道士手持火把照耀醮壇內外，它的意義「旨在藉聖火之力，以祝醮域人民之元辰光彩也。」（劉枝萬《台灣民間信仰論集》）。

四朝科儀

四朝科儀乃早朝、午朝、晚朝及宿朝科儀之統稱，這四個科儀，幾乎在一般性的祈安或慶成醮中都可見到，三朝以上的醮典，早、午、晚朝都於第二天舉行，宿朝則於最後一天或最後前一天夜間舉行，也有分開每天舉行一科之例。

顧名思義，四朝科儀乃早、午、晚、夜半四個時間的科儀，目的乃是朝觀三清之意，主要的內容都以誦經為主，大體而言，早朝都誦《度人經》、午朝誦《玉樞經》、晚朝誦《北斗經》、宿朝則不誦經，接著進行入醮呈章的科儀。此外，午朝科儀中，有些道士也會特別演出一段朝天覲的武獻，只見身穿海青的道士在場中忽東忽西，忽跳忽躍，以示朝見玉皇大帝，相當精彩好看。

●三寮灣醮金登富道長的午朝科儀。

雲廚妙供

醮祭道場之中，安奉有諸多不同的神明，這些神明大都各有任務，隨時接受著道士的科儀與人民的祈求，人們在祈神之餘，每天也都安排有純粹敬神的科儀，稱之為雲廚妙供或天廚妙供。

大多在午前舉行的雲廚妙供，主要供奉的神祇以內壇諸神為主，除了普渡當天之外，醮典幾天便需供奉幾次，妙的是道士們為使科儀表多采多姿，每天的名稱都不同，有雲廚妙供、天廚午供、皇壇寶供……儀式和內容卻完全一樣。

雲廚妙供的儀式簡單，大多僅請神與祭神而已，由道士率領斗首們一一到各神祇前祭拜，全部活動不必半個鐘頭便可結束。

●雲廚妙供其實是三餐的供神。

●外壇獻敬乃爲敬祀醮壇的諸神。

外壇獻敬

醮局的祀神科儀，內壇的有雲廚妙供，外壇諸神則以外壇獻敬祀之。

入醮送壇主安座之後，每座醮壇都有神明鎮守，敬祀這些神明自然也成了醮局中的重要科儀。一般而言，醮期之中，每天都會有道士率領著斗首們，按頂四柱，下四柱順序一一到醮壇前獻敬，如果醮壇太多或太過分散，還可能分成兩組或三組人員進行，獻敬的時間，一般分早、午、晚三次，但如今大多簡化成早、午兩次，甚至更省略為中午一次者。

外壇獻敬沒有什麼特別的儀式，僅請神、上香而已，倒是沿途敲鑼打鼓，行伍之間還有虎牌或字牌前導，相當引人側目。

分燈捲簾

分燈捲簾是諸多醮事科儀中，排在相當前面的一個，即使是七朝大醮，也都排在前幾天舉行，乃因行過這個科儀後，才得誦讀《朝天大懺》。

各地道士派系的不同，分燈捲簾或為一個科儀，或分為取火分燈、元辰煥彩、捲簾觀帝、鳴金擊玉等幾個科儀，無論怎麼分，必都連在一起舉行，主要的儀式也都相當近似；先由一班道士奏表後，熄滅醮場內所有的燈火，再由道長重新點燃一根火燭，眾道士則各執火燭，相互引燃，並來來往往將道場中所有的火燭都點燃，表示眾人皆得光明煥彩之意，這時鑼鼓奏起，道士們則將三清壇前事先放下的竹簾分三次捲起，立在壇前便可直接看到玉帝神像，道士們也都恭敬地行禮致敬，表示上天晉見玉皇大帝之意。

行大禮覲玉帝，主要是為了說明善信們的虔誠心意。

●台北道德壇的取火分燈科儀。

開啓禮聖

大多在醮典的第二天或第三天夜間，大鬧皇壇之後舉行的開啓禮聖科儀，全名叫開啓玄科淨法，為文科中相當重要的一個節目。

道場間俗謂：「文開啓，武禁壇」，意指這兩個科儀最為精彩，也是測驗一個道士功夫是否紮實最重要的節目。開啓科儀大都由兩位道士主持，於三清壇前誦《開啓玄科》並不時移位於紫微、上帝及其他諸神壇前，動作配合著鑼鼓音樂，錯落有致，雖然沒有武戲演出，卻相當好看。

開啓禮聖的目的，一方面是禮拜神聖，同時也為潔淨醮境，接下來則為勅水禁壇，乃以強力掃除妖氣，這兩科儀連在一起，印證了典型的先禮後兵觀念——人們先用文科禮聖並請妖氛離境，若不從則以武力掃除之。

●開啓玄科向來都深受道教界的重視。

勅水禁壇

大多接在開啓禮聖之後舉行的勅水禁壇，或稱禁壇除穢，為醮祭科儀中最重要的武戲，全程約需一個多鐘頭，精彩特殊，令人驚讚。

禁壇科儀最主要的目的是掃除境內妖氛，邪魔外道若不肯聽從勸告離開，道士只得以武力對付之，科儀開始，道長身穿道袍，手持淨水缽於五方勅水淨壇，不久後突然退場，換穿海青手持長劍回到壇中，舞起滿天劍花，一會又換持雙鐧，在場中不斷移位，召請天上眾官將相助，並化身四靈獸，終將妖邪一路撲打追趕遠離本境。這個科儀全部約需二個鐘頭才能完成，演出時北南兩地有別，北部的妖魔是象徵性的，從頭到尾僅一位道士獨演，或進或退，或跳或躍，動作輕快、迅速有勁；南部地區的科儀稱「禁壇斬魅魔」，另一人扮演魅魔，道長就在場中展開廝殺，兩人追趕打鬥間，相當逼真靈活，直到打得魅魔翻滾哀嚎，道長乃揮劍一斬，將魅魔制服於八卦的艮方（東北方），表示自此以後境內不再會有鬼魅作祟，同時也除去人們心中的魅影。

●北部禁壇科儀中化身四靈獸的情形。

●南部禁壇科儀中，由眞人扮演的魅魔。

燃放蓮燈

建醮法會中，用祭招引孤魂野鬼的科儀，大體有燃放蓮燈和施放水燈兩項，一般規模不大的醮典，都行放水燈而已，燃放蓮燈少有機會看到。

燃放蓮燈中燃放的乃是「九品蓮花燈」，為佛家藉以超渡昇天的法器，可見原是佛教的科儀，後因佛道彼此互相影響，燃放蓮燈遂被納入道教的科儀，只是有些地方仍請僧人來主持這個節目。

大多早在放水燈前一、兩天舉行的燃放蓮燈，燈的造形仿若蓮花，相當特殊，燃放的目的乃是招引神兵天將，包括五營神兵以及歷代戰死沙場的忠魂義魄，因死後受封而得以乘坐蓮燈，一般的孤魂野鬼只能等待水燈招引。

黃昏時，手指招魂幡的道士前導，眾善信手捧蓮燈緩緩行進，抵達目的地之後，道士先行設案招請神兵與忠魂，並誦讀《大悲咒》及《往生咒》，完後同時燃放蓮燈，朵朵粉紅色的蓮燈齊置水面，相當美麗動人。

●善信們手持蓮燈，準備到河中施放。

●道士於放蓮燈前，設案召神請鬼。

●蓮燈聚在水面煞是好看。

洪文夾讚

醮祭的目的，不僅僅只是為善信們祈安招福而已，還有許多勸人向善，天理有報之類的節目，洪文夾讚便是著名的例子。

洪文夾讚或稱洪文讚經，有些道士甚至分為洪文寶芨，夾讚瓊書兩科儀，主要的儀式是在醮場中臨時設兩面對面的經桌，一為談經，一為說法，由兩位道士們分坐主持，相互討論《玉樞經》，一人一句互頌神威，論法說理，參拜的斗首們則在經桌前靜靜聆聽。

全部活動約需一個多鐘頭才結束的洪文夾讚，儘管道士們認真地勸人向善，但總會發現許多參拜的斗首們，不知無心還是有意，都忍不住睡著了！

▲洪文夾讚是個勸人爲善的科儀。

催關渡限

民間俗信認為，人的一生中有許多關與限，關有車關、血光、病厄關、白虎關，限有大限與小限，如果過不了關，便可能受傷或疾病，過不了限，性命可能葬送，因而人人都希望能夠順利的過關渡限。

醮祭法會中，也有催關渡限科儀，這是一個純粹為善男信女們服務的節目，大多在外壇舉行，以方便善男信女參與。科儀之前，道士需先用五色布及金紙貼在木板上，製成限橋，另彩製一牌樓門，謂關口，將兩物分別擺置在兩處，限橋前另設一火盆，中間設壇禱頌祈求後，道士領著善信們跨過火盆，碎步走過限橋，再繞過一圈跨過關口，道士們不停唸咒為善信們催關渡限，每過一關口渡一關，過一限橋越一限，如此繞過七次之後，謂過七關渡七限，善信可獲身體平安、意外遠離、長壽福祿。

●道士前導，過了關口還要渡過限橋。

▼善信們手捧文房四寶，跟隨道士祈求智慧大進。

◀文昌科儀，首重道士手中的文昌印。

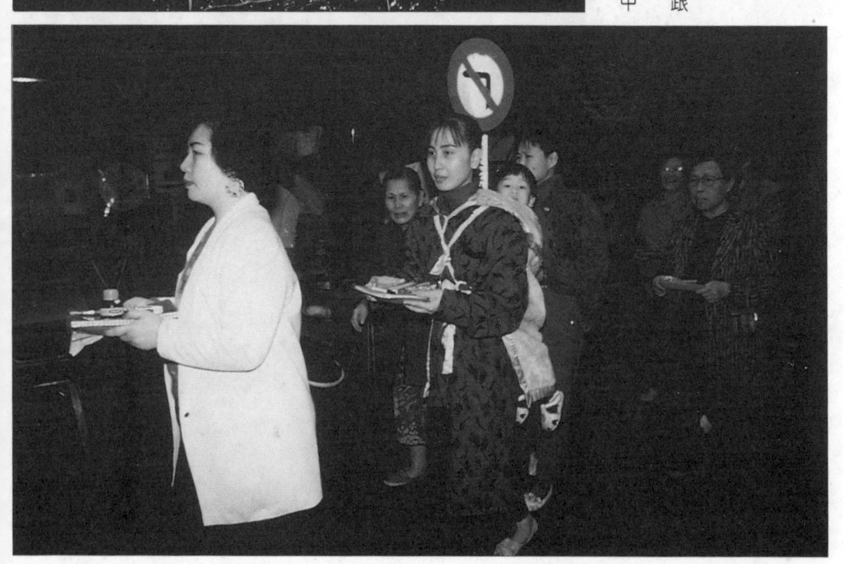

文昌科儀

醮祭法會中的祈安賜福，雖是善信們最大的心願，但如果是在學或者準備考試的人，他們更大的心願可能是功課進步或者金榜題名，文昌科儀最能夠滿足有這方面需求的善男信女。

屬於半開放性的文昌科儀，主要的精神在於朝拜文昌帝君，開啓智慧之門。兩位道士先於三清壇前誦讀《太上正壹文昌科儀》，善信們則人人手捧著托盤，內裝自己使用的筆、尺、筆記本及書本等，跟隨在後跪拜，至一段落後，道士領著大家一一禮神，最後停在文昌帝君神前（若廟內無供奉，則臨時奉祀），取出神明印信，輪流交給每位善信捧持跪拜，印信交到一人手上，道士則為該善信代禱之，希望此後茅塞頓開，智慧大進……需至每個人都輪過一次後，科儀才得結束。

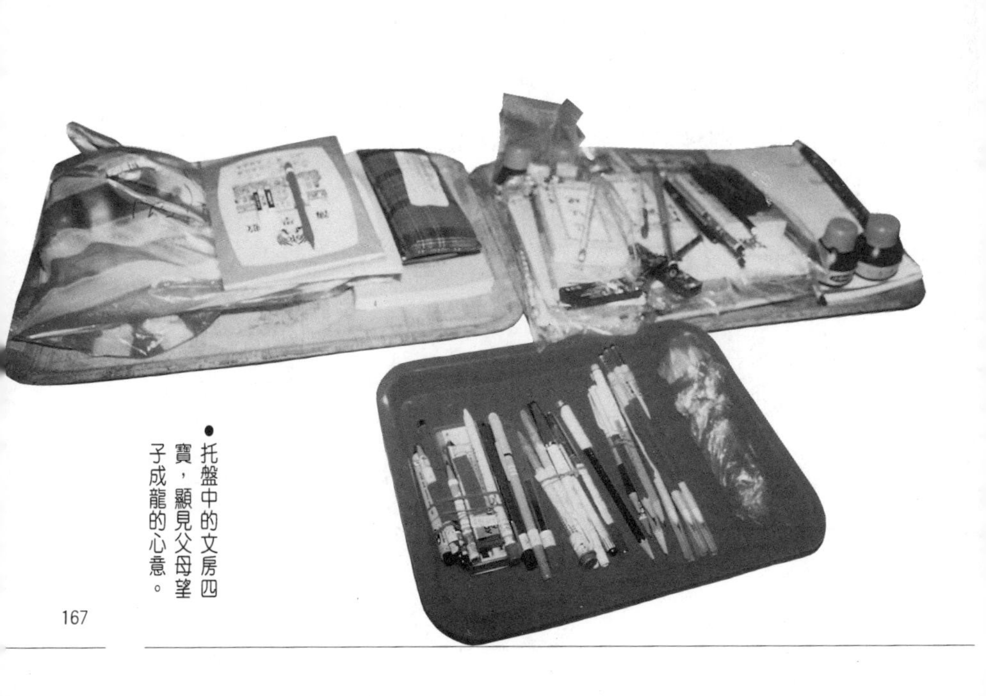

●托盤中的文房四寶，顯見父母望子成龍的心意。

●發文掛榜之後，才能放水燈。

發文掛榜

醮祭進行至三分之二左右，大體要進行放水燈以及普渡的節目，在這兩科儀之前，必先張掛榜文於外壇，供各界觀看。

由於各種醮典的性質不一，規模不同，發文掛榜的內容和形式也互不相同，有些醮局會同時張掛紅、黃兩大榜文，紅榜供神人閱讀，黃榜知會好兄弟們知曉。更多的醮局僅準備一張黃榜而已。

發文掛榜的儀式相當簡單，由道士整理好榜文後，由鑼鼓護送榜文至貼榜處貼妥，再由道長用硃筆圈點畫押（也有事先圈點好之例），另備妥鮮花素果，由爐主或其他主事人員焚香拜榜，張掛榜文儀式遂告完成。

榜文的內容雖各醮不同，但大體包括由誰負責這次祭典，出錢出力的爐主斗首有那些人，普渡的目的以及善信們所祈何事……等。

榜文

人類的社會中，對於一些較重大的公共事務，都會有公告周知的公告，以便讓有興趣或有需要的人們知悉或參與。鬼神的世界，也有類似的活動，宗廟慶典，中元祭祀或建醮盛會開始時的張掛榜文，正也是通告人鬼神三界的佈告。

一般而言，最普遍易見的榜文，為普渡之前張掛的普渡施食之榜大多為黃底黑字，對象為孤魂野鬼，榜末大多要請南無三洲感應護法韋馱尊天菩薩前來鑑醮或印證功果，最後再書一個斗大的「榜」字以及折解組合過的「如來一心」字樣和「發壇前掛」等。

此外，另有通告神及人的紅榜，於壇外、燈篙邊或其他地方張掛，這些紅色的榜，內容大都是公告此次祭典中和人有關的部份，如何時放水燈，何時王船出廠等，是認識一個醮祭或法會最好的資料，可惜一般人卻甚少正眼看過這些「公告以祈各界周知」的榜文。

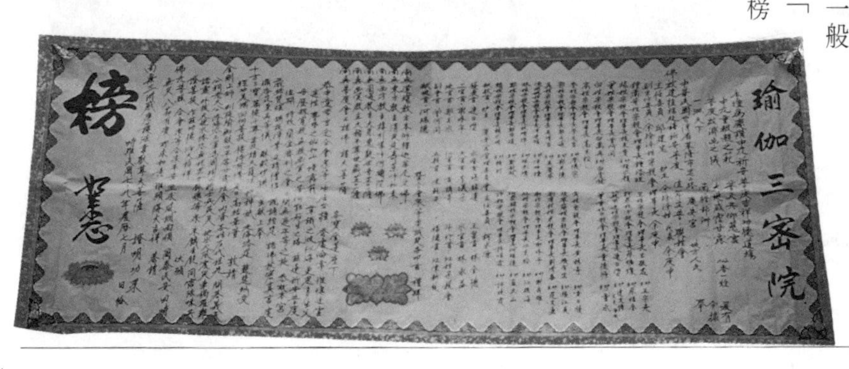

●榜文的內容，清楚說明醮祭法會的緣由與目的。

施放水燈

醮祭進入尾期，必須舉行盛大的普渡活動，正式普渡前一天，都必須施放水燈，以招引水域中的孤魂野鬼，到陸上共享普渡盛宴。

台地的放水燈，南北差異頗大，北部地方盛行結隊遊行，並製作壯麗的水燈排以壯行伍，且常以大型的水燈頭代替零星的水燈，南部地區僅由道士執幡前導，直接至河邊施放，並不重視遊行的過程。

水燈隊伍來到預定施放水燈的地點，道士或僧人必須在臨時的祭台前，宣讀疏文奏報天地神祇，召請水中孤魂共享普施的隆厚心意，完後並唸誦經懺，以助亡靈超昇水域，然後一一點燃燈中的蠟燭，再將水燈放流河中，人們相信，水燈漂流愈遠，能招引更多的孤魂，更能庇佑施放之人事業順利，闔家平安。

客家地區的水燈中，還放置一些錢幣，原意是獻帛化財，卻常吸引許多孩子，在下游處攔截水燈，以取得錢幣，而成另一特殊的風俗。

●新竹義民節放水燈的情景。

水燈排

建醮法會或七月普渡活動，必有放水燈的科儀，此舉乃為普施水中的孤魂野鬼，招引祂們上陸來享用普渡的各種祭品，由於其意義深遠，自古以來都深受人們的重視，有些地方的放水燈活動，甚至還成為整個普渡活動中，最受重視的一項，基隆的中元祭，新埔的義民節都是典型的例子。

民間各地放水燈的時間、方式、習俗不盡相同，北部地區於放水燈之前一夜，都有迎水燈繞境的活動，以喚起大家共同重視參與。

迎水燈遊行中，水燈排是不可或缺的重要物件，早期的形制「大者以材木為中心，長達四五丈寬丈餘，須七八十人始能抬行。筏左右以數條杉木或竹根紮成為筏形，分幾十格幾百格，以便每格懸吊一盞燈。燈之種類，有煤油燈、電燈、紙燈、花籃燈、龍燈、玻璃燈等，光彩迷離，無不爭奇奪艷，令人嘆為觀止。」（吳瀛濤《台灣民俗》）。

晚近的水燈排，形制雖仿舊樣，但質材都改不鏽鋼為架；上懸燈籠，頂部還有一噴氣口，遊行途中可靠電動之力昇高或放下，昇高時頂部還可噴出五彩煙霧，最為吸引人。

●桃園平鎮福明宮醮的水燈排。

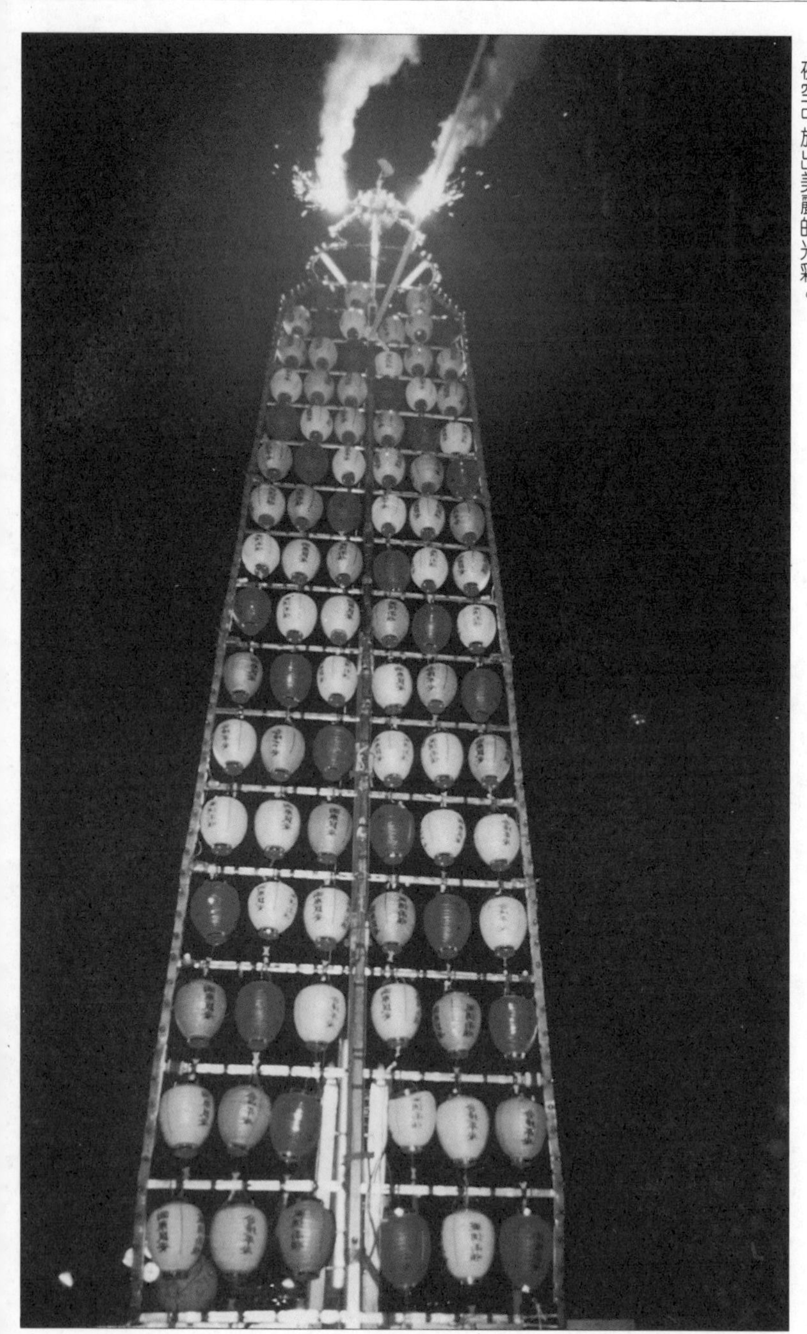

●基隆中元祭的水燈排，在夜空中放出美麗的光彩。

水燈頭

民間慣於普渡之前一天下午或夜間，舉行放水燈活動，主要的目的雖同樣是為招請溺於水中的孤魂野鬼，藉著水燈的指引，浮出水面，以享用人民供奉的祭品，但放水燈的方式、數量卻完全不同。有的地方希望水燈漂放得愈遠愈好，有的地方在放的同時便順便引火焚燃，其間的差別完全因過去的慣俗而定。

水燈的式樣與數量也全無標準可言，有巨大如一小土地公廟，小的卻是高不及三十公分，有的飾有精彩的紙雕及彩繪，有的僅紅頂白壁，無論差別多大，這些水燈間，必有水燈頭的存在，乃是專供「主持祭典之『斗燈首』（如爐主一人，頭家三至六人，及主會、主醮、主壇、主事、天官首、水官首、福祿首等人）各持一燈，隨僧道，遊行至河邊，放入水中。」（吳瀛濤《台灣民俗》）。

水燈頭基本上乃是境內各角頭、姓氏子弟的代表，有些地方放水燈時，為避免放得太多，僅限水燈頭而已，有些地方並不限制，完全視善信的喜好決定，至於放水燈頭最具代表性的地方，則屬基隆中元祭。

●基隆中元祭的水燈頭。

慶成奠安

大體而言，民間的慶成醮和祈安醮，大多數的科儀都完全一樣，慶成醮較特殊的是，多了一個慶成安龍、奠安廟基的科儀。

法師常行的法術中，安龍神、送白虎為相當重要的一項，慶成醮中的慶成安龍，大體跟法師的安龍神無甚差別，甚至一九六七年樹林濟安宮的慶成醮，因安龍奠王的科儀「係由法之立場而行，原與仗道招神祈福並普施孤魂等一連串儀式，無甚關係……乃於祈安醮儀閉幕後，深夜悄悄行之，未予插進閉幕前之儀式程序中也。」（劉枝萬《中國民間信仰論集》）。

道士所行的安龍科儀，較重完整的儀式，首先需在大殿神龕前，排置一米龍，並依序點眼、點頭、點鬚、點身、點瓜、點尾等，同時將青龍、白虎、六獸山等同置一處，道士再持弓箭射五方，驅逐邪穢之後，請專人送白虎出境，道長則率眾人到廟後，安置青龍於廟基下，並焚六獸山，請六獸長護廟基，儀式遂告完成。

●苗栗西勢土地公醮的安米龍儀式。

登台拜表

醮祭最初乃是指搭設高壇祭祀諸神，今天，雖民間轉換為還願（祈願）酬神的大規模祭典，但在醮祭中，仍有許多地方跟「設高壇祈神」有密切的關係，登台拜表便是其中典型的一例。

登台拜表顧名思義，乃是登上高台拜祭表文，目的是希望上天能夠透過這個儀式，得知那些人為這次設醮祈福出錢出力，希望上蒼能夠感念他們的真誠與虔敬，賜福給他們，並懇請玉皇大帝恩准開葷，以便普施孤魂野鬼。儀式都在普渡之前舉行，由五至七位道士主持，參與之道士個個腳穿高木屐，手持黑傘，表示步步登上天梯，向玉皇大帝奏告之意。南部地區的道士，更將這個科儀視為外場的重頭戲，由道長領銜，頭上戴勾陳符，前後左右分貼朱雀、玄武、青龍、白虎符，表示四靈護身，頭背另繫三十六官將符，意請三十六官將隨行上天覲帝，之後一路舞劍花，施轉身，表示渡過重重難關，終於朝見玉帝，完整的拜表儀式約需一個多鐘頭才能完成。

●眾道士們在天台上拜見玉皇大帝。

●將軍金登富道長登天台的英姿。

●燈篙降至旗桿三分之一的地方，以便開始普渡。

降旗開普

台灣南部的各類醮典中，揭開普渡序幕的活動，是降旗開普科儀，此例在北部地區較少見到。

降旗開普主要降的旗，乃是指燈篙上的天地布、天地燈之意。燈篙素被視為宴請神鬼兩界的請帖，入醮之初便高高掛起，歡迎各界的英雄好漢前來做客，到了普渡前一刻，該來者大都也到了，乃將燈篙上的標示物降下，表示不再遠招客人之意，這樣的設計，其實蠻符合現代人請客事先發請帖的習慣。

這個科儀的儀式簡單，先由道長在燈篙前稟告原委後，眾道士們（或爐主斗首們）便手忙腳亂地將每個燈篙上的迎風招展物降下至三分之一處，有些醮局為增加熱鬧的氣氛，還以爆竹及鑼鼓聲助陣。

普施燄口

降旗開普之後，要由道士或僧人主持普施法會，一般的中元祭典，這個節目更是重頭戲，借以將豐盛的祭品，普施給眾孤魂野鬼。

普施又稱為放燄口，乃源自佛教的禮俗而來，儀式包括演淨、開懺、歸禮眾菩薩降臨，然後振鈴乃請法界六道、十類孤魂到來接受甘露法食，為了顯示寬厚仁愛，道士或僧人還誦多本經懺，如《金剛般若波羅蜜多心經》、《大悲咒》、《往生咒》以及《瑜珈燄口施食要集》，並運用法力，用柳枝遍灑甘露，讓孤苦遊魂得以開喉，享用善信提供的祭品。接著現手印變食，一變十，十變百，使供品源源不絕，任遠近孤魂享用。

登坐燄口，除了普施孤魂野鬼，更以嚴肅的悲懺，勸化惡鬼遊魂，希望能開徹回悟，回頭是岸，免受地獄之苦，同登極樂之境。

●台南將軍醮普施燄口，吸引許多民眾。

●羅列成山的全豬，爲典型的肉山。

肉山

建醮大典或者中元普渡盛會，向為民間所重視，多數人家都會準備豐盛的祭品以祭無祀之魂，陳淑均修《噶瑪蘭廳志》載：「七月超渡……家供牲醴、時饈、果食、結綵，陳設圖玩，焚化楮鏹，不計其數……」。

傳統的普渡祭品中，尤以肉山最典型且常見。所謂肉山，乃指長形的普渡台，台上分成幾個階梯式的幾個層面，每層分置不同的肉品，包括全豬、全羊、全雞、全鴨……等，還用各類漁產海鮮等併排共祭，一眼望去，普渡台上盡是各種肉品如山一般疊列，因而稱為肉山。

現代的普渡場中，各式各樣的祭品豐富而多變，現代人在營養過剩的情況下，已漸拒絕過多的肉品，而以耐存放，甚至可向商店租來的罐頭、飲料替代，肉山自然較不易見到了。

五色山

普渡場中，也常可見到五色山，尤其在送孤祭煞的場合中，更是必備的祭品。

又稱為五色盞、五色台的五色山，於法師祭送孤魂或跳鍾馗法事中，最常見用以祭送孤魂野鬼的祭品。各地搭設五色山的形式及內容不大相同，大多為孤盞形態，常見的祭品包括象徵山珍的薑，代表海味的鹽以及米粉或冬粉之類的米食，年糕、粽子或發粿等粿食，裂（必）桃、摩訶糕等糕餅、龍眼、荔枝或香蕉等水果，排在五個孤盞上，寓意五行五色，也就是五色山。

有些地方於五色山中，會另加壽桃及壽麵，使場面更為壯觀，但五色山的意義及名稱並不會因而改變。

●祭送孤魂必備的五色山。

鮮花山

用肉山和五色山來表示對鬼神最高的崇敬，乃因傳統社會中，人民物質生活匱乏，極盡所能地羅列百味，成了表示敬意唯一的方式。然而在現代社會，豐裕的生活不僅讓這些東西的特殊性降低，甚至許多人對如山般的肉品，不知該如何處理。

現代人對於普渡，事實上也有許多新的觀念和作法，台北市的果菜運銷公司，製作鮮花山以供普渡便是典型的一例。

鮮花山顧名思義，乃是用鮮花製成，為了增加可看性及趣味性，不僅使用數十種不同的花卉，每種數百或數千朵，插成各種圖案，如龍鳳呈祥，百子千孫，百年好合……等，無盡的巧思和芬芳的花香，不僅贏得人的喜愛，想必也是眾鬼們的新寵。

●用鮮花山普渡，美觀又討人喜愛。

看牲

民間的普渡祭典，善信除了以三牲、五牲或者是全豬全羊做為供品，還有主要供作觀賞用的祭品，稱之為看牲或看碗。

看牲顧名思義，就是用看的牲醴，要吸引人們的目光，自然得花盡巧思，才能夠吸引遠近的民眾來「看鬧熱」，因此有用全雞配上蛋，巧扮成宋江陣，也有用魷魚組成一條船，或者用乾香菇做成穿山甲……，更多的看牲則是用麵粉捏成各種花鳥人物和歷史故事，從典型的英雄美女，到嚴肅警惕的十殿閻王，都是普渡看牲最常見的題材，近年來又受到轉型社會風氣的影響，看牲的取材也逐漸跟社會現狀相結合，脫衣舞、賭博、簽六合彩……等現象，都曾被製作成看牲，在普渡場上受到人們的指指點點。

以水果或乾料製成的巨大龍鳳、老虎或其他動物，也是看牲的另一典型，但因耗費過鉅，較少有機會看到。

●三峽醮鎮守普渡場的看牲。

▼用看牲裝扮成的四騎。

◀看牲兼具美觀與護衛普渡場的雙重功能。

看碗

看碗和看牲同為以觀賞價值為主的牲醴，其差別在於看牲大多指較大的成品，可直接擺在供桌上，大多需要多件才組成一個單元，看碗則都是小品，最大不會超過一個碗大，每件都是獨立個體，分別擺在不同的碗中，供遊客們欣賞！

看碗的成品小，強調的重點不同於看牲的標新立異，反而是展現絕妙的手藝。大體而言，看碗的題材大都以飛禽走獸和禽畜魚介為主，甚至還包括昆蟲、蛾蝶……，看碗中會出現蟑螂、螞蟻、蚊子、蒼蠅一點都不稀奇，稀奇的是這些小昆蟲，連觸鬚、眼睛都做得唯妙唯肖，幾可亂真，令人嘆為觀止。

許多地方的看碗，在普渡結束後，可以任由喜歡的善信帶一碗回家，讓大家得到擁有的快樂，看碗的功能更發揮到淋漓盡致！

●台北木柵保儀大夫廟的看碗。

▶扮成宋江陣的看碗。

▲果菜龍也常在普渡場中出現。

●道士現手印，分撒佛手給信眾。

佛手與佛圓

佛手和佛圓為七月普渡或建醮祭典中，普施法會特有的祭品。道士或僧人化身太乙救苦天尊登坐燄口，必會分撒孤食給孤魂野鬼們，他們所分撒的孤食中，除了常見的糖果、餅乾、水果以及米、釘、錢…外，更有佛手與佛圓。

用麵粉製成的佛手拇指大，各餅家所做的佛手形狀不大相同，但都採捏指狀，相傳為地藏王菩薩接引西方的手印，希望陰陽兩道的人鬼，能在獲得佛手時，就像得到佛家的牽引與幫助，進而超脫苦難地獄，永得福安。佛圓則為圓包狀，上點有紅硃砂，象徵圓滿福全，分撒給民眾，寓意賜福給天下蒼生。

由於佛手和佛圓具有佛祖化身之意，又具祈安祛禍的功能，普施法會中，主事者都在最後一場才分撒結眾善信，每每總引起大家競相爭奪，場面相當熱鬧。

插香與插旗

建醮法會或七月普渡的祭場上，不管什麼樣的祭品，無論是大或小，每一樣祭品，上面都必須插上香及盛讚中元旗，以區分敬神及祀鬼的範圍。

普渡場上，雖用前後桌或頭尾桌區分祭神和拜鬼之物，為了更明顯區分，免為誤用，拜鬼的祭品上，都必須插上線香，一方面表示通鬼，同時也是請好兄弟享用，此外，還要插上三角型，上書「慶讚中元」或「陰光普照」字樣的紙旗，以明確區分祀鬼的範圍。祭神的供品，則完全避免插香或插旗。

插香和插旗，也有引鬼的功能，鄉村地區的普渡，善信們都會在普渡場四周的聯絡道路兩旁，每隔一段便插上一香或三角旗，以引導孤魂野鬼前來享用祭品。

●祭品上插香，以示通鬼。

●普渡旗插在供品上，一看就知道是用來普施孤魂野鬼。

賭具與奶瓶

各式各樣的普渡中，除了肉山、看牲、看碗以及三牲、五牲，還有許多充份表現出社會現實面與人情味的祭品。

儘管人們對於鬼的態度，都是敬畏而遠之，對於鬼的祭祀，卻非常地擬人化，人有七情六慾，生老病死，陰間的鬼也逃避不了，普渡場上，常可見到麻將、四色牌、脫衣舞女郎以及奶粉、奶瓶、拐杖……充份顯示了在人的設計下，孤魂野鬼們的需要。

普渡場中的賭具，大多是由祭祀單位（家庭）各自準備，一副副排列整齊，表示全新奉獻之意，也有製作成看牲，並將牌子分發妥當，表示想玩的鬼隨時都可以上場。拐杖和奶瓶，則在比較特殊的普渡場才可見到，前者為老人用具，後者嬰兒物品，某個地方若知有特別年老或嬰幼兒不幸亡逝，普渡場上就有機會見到拐杖，嬰兒奶粉以及奶瓶等，充份顯示出祭祀者的周到與人情味。

●鳳梨叢中的脫衣舞女郎。

▲脫衣美女陪打麻將，可是台灣人的「最愛」？

◀奶瓶爲普渡嬰靈之物。

●半生菜顯示既疏又親的關係。

半生菜

針對不同的祭祀對象，民間向以全和半，熟和生來表現親疏與重輕關係，除了全牲與半牲、三牲五牲之外，普渡場中最常見到的就是半生不熟的祭品。

除了全豬全羊之外，民間向來習慣以熟代表親近和崇敬，生則象徵疏遠和畏懼。送孤押煞時，地上常可見到一條生豬肉，便為祭祀凶靈惡鬼之用，而七月時的好兄弟，雖為無主（後）的孤魂野鬼，但一般並不認為他們是兇惡之徒，人們和鬼們的關係是既疏又親，用開水燙過半生不熟的青菜，正是人鬼之間這層關係最準確的表達。

半生菜並非主要的祭品，主要為顯示象徵性的意義，大多用水盆或鉛筒盛裝，放在供桌之旁或桌子底下。

洗臉水

普渡場的供桌之下，常可見到一個臉盆，內盛半盆水，另備有新牙刷、牙膏及毛巾、漱口杯以及梳子等物，非常令人好奇。

供桌下的洗臉水及其他物品，主要的作用一如醮場中的沐浴亭，可說是傳統台灣人的待客之道，不管是人或鬼，千里迢迢從遠道而來，總要先讓他們洗把臉，輕鬆一下再享用豐盛的祭品，牙膏及牙刷則為飯後刷牙之用。

有些人家，在洗臉水旁還會另備胭脂花粉，主要是供女性孤魂化妝或補妝之用，鏡子則是供作照鏡之用，不管是洗臉或化妝，都會用得到的。

香煙也是人們表現誠意與周到的另一種祭品，民間向來用以香煙敬鬼靈，好兄弟們遠道而來，當然得先敬上香煙，以示虔誠接待的心意。

●洗臉水主要是給好兄弟洗手臉。

灑孤淨筵

一般中元祭典中的普渡，善信們只是把準備好的各類牲禮素果、糕餅飲料、煙酒脂粉等物品擺在普渡場中，一一插上香便罷。但在醮祭或法會中的普渡，所有的祭品必經道士們灑孤淨筵，才算正式獻給孤魂野鬼。

灑孤淨筵俗稱巡筵，道士於普渡場中巡視祭品，一一施灑符水，清淨各種祭品，以示誠心敬獻給來自各界的好兄弟。在巡筵的過程中，同時也替善信們檢查祭品是否恰當，擺的位置是否合宜以及是否不足等等，因此，巡筵的目的與其說是清淨祭品，不如說是替孤魂野鬼們檢視一遍祭品更符原意。

近些年來，祭品的種類日益龐雜，道士們雖在普施之前，例行有一次巡筵之行，卻也只是例行公事而已。

●灑孤淨筵，以示虔誠敬奉的心意。

收普化紙（大士出行）

熱鬧的普渡盛會，大都從午後開始，至入夜以後，家家戶戶忙著大宴賓客時才結束，這時候醮局中的主事人員，還在忙著最後的收尾科儀，包括收普化紙與謝壇送神……等。

收普化紙或稱大士出行，在普渡活動進入尾聲時，道士們要將醮局中所有的紙糊神紙，包括大士爺，四騎、山神、土地、同歸所、寒林所、金山、銀山……統統收集到一固定的地方，堆上許多高錢金紙，再以熱鬧的鑼鼓樂護送他們回歸天庭，幾人分別在不同處引燃火苗，很快地就變成熊熊烈火，不必多久，原本各具威儀的神祇都化成了灰，俗信認為他們已各歸其所。

普渡既然結束，自然也要將鬼王大士爺送走，否則誰願意來供奉祂呢？

●新竹義民節的工作人員扛著大士爺出行。

●道士用鴨舌之血，勅天師符。

勅符送神

送走了為建醮請來的紙神，送神的活動並未完全結束，醮場內的三清壇以及其他諸神也都要送回天庭，這最後的科儀大體包括：施法勅符，謝壇送神等項。

施法勅符乃是在三清壇前，施法取雞冠與鴨嘴之血，勅於廟神的平安符以及主神的令旗上，主要是為了借三清道祖的靈力與醮典的功果，化在符令之上，分鎮各家，庇佑善信喜樂長安。

謝壇送神則是請天神回天宮，地祇回地府，三清壇前舖上一長條黃布，道士在上手捧鮮花不斷翻滾，意寓散花送聖，也有道士送神不行這樣的儀式，而以虔誠禱祝，恭敬送駕行之，不管是用什麼方法，送走神靈之後，便可開始謝壇，正式結束整個醮典。

謝燈篙

謝燈篙完全是相對於豎燈篙的活動，在作醮或普渡結束之後，最後一個節目便是謝燈篙，表示圓滿結束之意。

一般而言，謝燈篙的時間，視祭典的類型而定，醮典都在結束當日或隔天便舉行，七月中元祭則在關鬼門之期才謝燈，但也有祭典結束時便謝燈篙的例子。

謝燈篙的儀式，大多相當簡單，由主持法事的道士、和尚或者醮局委員主持，先行拜謝過燈篙神之後，便可依著先陽後陰的順序，一一降下燈篙上的天燈、七星燈、天地布……等物，然後接著拔起竹篙，最後並以燒金鳴炮，表示謝燈篙儀式圓滿結束，境內永安、大吉大利。

台灣南部較大規模的醮典中，豎燈篙之時必須在燈篙坑中塞入鐵釘、古銅錢、五穀、木炭等物，以寓添丁、發財、豐收、興旺諸意。謝燈篙時，燈篙洞中則置圓仔與發粿，象徵前圓後發。

●謝燈篙之後，洞中要放入圓仔和發粿。

4／送王船大典

送王船

王船是台灣地區相當獨特而反映地理特性的常民文化，源自瘟神信仰而生，清季台灣南部及澎湖地區普遍盛行王醮，林豪修《澎湖廳志》載：「或內地王船偶遊至港，船中虛無一人，自能轉舵入口，下帆下椗，不差分寸，故民間相傳祭以為神，曰王船至矣。則舉國若狂，畏敬特甚，聚眾鳩錢奉其神於該鄉王廟，建醮演戲，設席祀王，如請客然。……祀畢，仍送之遊海，或即焚化，亦維神所命云。」。

早年的王醮，大多因王船自外海漂來，人們懼怕引來風土惡疾，乃隆重舉行醮典，以恭送王船，善信們莫不熱烈準備各種添儎物，以壯瘟王聲勢，更祈一路順風，永不回頭。後逐漸發展成定期性的活動，或以三年為一科期，也有六年或十二年送一次王船者，無論其時間長短，民眾祈求袪瘟祈福的心情永遠不會改變！

●送王船之俗，在台地仍相當普遍。

現今台灣的王船祭，雖並不一定舉行王醮，然送王船已發展出一套獨樹一格的文化與祭儀，從瘟王出巡到遷船繞境，從請王迎王到送遊天河，都和其他迎神賽會或醮典祭儀有許多不同之處，值得我們觀察探究。

王船與神船

王船信仰自清代發達起來，儘管一直被批評為浪費，甚至被直指：「所傳王誕之辰，必推頭家數人，沿門醵資演戲展祭。每三年即大歛財，延道流，設王醮二三晝夜……」（王必昌《台灣縣志》）然而，王醮非但沒有因此而滅絕，甚至日益盛大，尤其是戰後經濟發達，中、北部地方也開始仿效此俗，有些地方實與王船扯不上什麼關係，又希望建造一艘美輪美奐的木船以吸引羣眾，於是出現了其他種種名稱，如彩船，媽祖船、天后船……等，這些以神為名的船，都可視為王船的變種。

原本因帶來瘟疫，而必須遠送的王船，在信仰的過程中，慢慢產生了鉅大的變化，王船漸也成為神體，而為人們所奉祀，有些地方在送王船之餘，會另造一小巧之王船於廟中供奉，甚至有鐵、銅為材之例。更有些廟並不燒王船，卻也祀有王船，這些被奉祀，而不具送瘟除疫功能之船，實應稱為神船而非王船。

●大甲媽祖醮所造的彩船。

王船十三艙

王船基本的設計是適宜遠洋航行的船，加上早年人們都希望送出去之後，永不靠岸，不僅船上所有的設備一應俱全，甚至是一個可以自給自足的獨立世界。

船上的硬體設備中，最重要的是船艙，完整的王船共有十三艙，分別是：王爺廳、東西官廳、媽祖樓、聖人龕、舵公艙、阿班艙、東貓筣、西貓筣、頭碇、灶廚、總舖艙、中艙和頭二艙。從十三艙的名稱看來，每一艙都有不同的用途，但現今因識者不多，許多艙都被簡化，但不管怎麼略化，王爺廳和媽祖樓，一直都是船上最顯眼的建築。

大多仿寺廟形制建造的王爺廳，位於船中稍後方，面對船首，為供奉瘟王之所，自然是船中最重要之所，木造的廟宇式建築，儘管縮小了多倍，但廟外的裝飾大多仿製，廟裡的神案供桌更一應俱全，彷彿就像是座小廟般。媽祖樓位於王爺廳之後，大多為二層式建築，若僅一層也要稍高過王爺廳，內奉航海之神媽祖，樓內樓外的裝飾，自然也相當考究。

●王船十三艙，最重要的是王爺廳。

廁所與畜舍

王船十三艙的設備，大抵通行於西南沿海地區，澎湖地區的王船，就沒有這麼複雜，僅有正殿、大廳、康樂台、船長室等設施。除了上述供神的設備，不管那個系統的王船，必還有一些其他附屬性的設施，以方便日常生活的所需。

任何船上都設有廁所設施，王船上也不例外，一般都設在船尾部份，廁所主體若不登船並不易見到，但在船尾都留有排放口，一個排放口表示設有一個廁所，兩個排放口代表兩個，大多為三角凸起，下方留有洞的排放口，因無特殊標示，平常不接觸船的人，不大會注意到這個特殊的設計。

畜舍在王船上也相當重要，一般設有馬廂、牛舍及豬圈，馬廂為綁王馬之處，牛舍之牛為耕田之用，豬圈關的，自是最好的肉類食物。

廁所和畜舍的設計，顯示了神界擬人生活的一面。

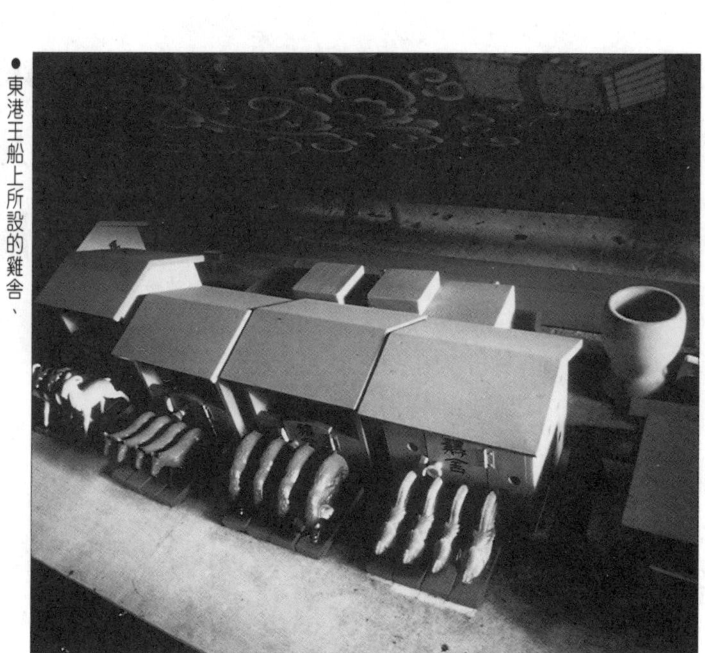

●東港王船上所設的雞舍、豬舍、馬舍和羊舍。

●供採買、逃生用的救生船。

救生船

一般的木造王船，大多會附有一至兩艘小舟，這些迷你型的小船，依照王爺信仰的解釋，主要的功能有二，平時擔任採買之用，危急時可充作救生船。

救生船的大小及式樣，並無一定的規定，大多僅容一、兩人划的小船，有尖頭及平頭兩種，船上同樣安有龍目，船艙內則是空的，僅釘有橫板可供乘坐，另有槳，形式非常近似公園中常可見到的旅遊小船。它和王船同時製造，完成後一直擺置在王船之旁，因無特別的用途，也不在這種小船上舉行任何祭典或儀式，少受到人們的關注，王船出行時，也都跟在旁邊，一併焚化後，小船才發揮它的功能，做為班役們的採買船，或者遇到船難時，提供逃生之用，可真是設想周到。

桅和帆

早期的船隻，大多以風為動力，桅和帆也就成了航行最重要的設施，台地的王船，基本上都屬於帆船的形制，高大的桅和巨大鮮艷的帆，一直都是最為引人的目標。

分前、中、後三桅，除紙王船外幾無例外，中桅最長，上掛有蜈蚣旗或帥令，前桅次之，掛有五色旗或風向旗，尾桅最小，大都掛蝴蝶旗或五色旗。桅並分主體及桅竿兩部份，主體為掛帆之用，桅竿為突起於帆上的部份，有簡略的雕刻，上掛有不同的旗幟。

帆為張風之用，大多仿實物之帆製造，台地之王船大多掛三帆，澎湖有些王船，具實際航行之用，則張掛五帆。帆多為長方形，頂小底大，白色或彩色布製。帆若升起，表示要出航，一般在王船的主體結構完成時，要舉行豎桅，升帆的儀式，並準備牲醴、祭品膜拜，此外，其他時間並不張帆，一直到送王船出行，準備遊天河之際，巨大的帆才會昇起，以迎風而行。

●張起帆的王船，氣派十足。

錨和缸

無論大小船隻，每艘船上都必備有錨，做為最主要的停泊之器，《名揚百科大辭典》釋謂：「一般為鐵製或鋼製，用錨鏈（錨索）與船相連。錨上有爪，用時將錨放下，借爪抓住水底，將船繫住，使不為風力或水流所漂走。一般置於船首，大船首尾都設，也用以固定其他水上浮物。」。

王船的錨，大體也近似上述之形容，但質材都為木製，錨鏈則是用繩子替代，常被漆成紅或黑色，且以設三錨居多。

缸為水缸，有木製、陶製等多種，甚至還有地方以塑膠水桶充任，本非王船編制內之物，但因王船都於陸上，少了水無非象徵其為海上之物，因而各地的王船，都會準備一些水缸，裡面盛水以供拋錨之用。

除了王爺祭典中，有拋錨下碇，寺廟中常供

的王船或神船，大多也有錨跟缸，如此才能讓王船不致漂流走失，常留在廟中。

●象徵下碇的錨和缸。

水手

王船上的水手，也稱作阿班，職司跟一般的漁船一樣，分別負責航行的種種事宜。台灣地區的水手，都為紙糊，不同的職司者，乃安排在不同的地方，以顯示其身份與職務，澎湖地區有許多王船，船身設有動力，可如一般漁船航行於海上，因而船上的水手有真人及紙像兩種，王船於供奉期間，所有的水手都由真人擔任，送王之時再改以紙糊之像。

由真人充任之水手，分屬之職務包括：船長、副船長、輪機長、幫舵、航海師、助舵、大廚、二廚及艙口等，任職者乃由王爺指定或由善信擲筊請求王爺派任，有些地方每年更換人選，有些地方選出任職之後，一直擔任到送王為止。

●台南三寮灣醮，紙糊的水手們。

鯉魚旗

鯉魚旗是西港溪系統王船信仰，最特殊的信仰物。民間俗信，西港慶安宮坐落於鯉魚穴，每屆送王時，三桅上必插鯉魚旗，此外，每逢醮期，廟方更提供數百甚至數千支，供善信們乞求。

最早為紙糊，後改用木料與樹脂，晚近許多改用木雕成的金色鯉魚，長約二十五公分，因背插五方五色小令旗，而稱鯉魚旗。南部許多信徒相信鯉魚本身象徵祥瑞，西港慶安宮的鯉魚旗，又因地理的關係，請回家供奉者，不僅可佑闔家平安，更能添丁發財，因而一直廣受歡迎，不僅每醮前有許多人請奉新鯉魚旗，成千上萬的舊鯉魚旗，也會在王醮期間，回到廟裡謁祖及鑑醮，每每使得廟的天花板，密密麻麻掛滿著鯉魚旗，蔚為奇觀。

善信們長年供奉的鯉魚旗，難免因年久或其他因素破損，王醮期間，只要請回廟裡，就有專門的人精心修護，服務相當週到。當然，無論是請回鑑醮，或者新奉鯉魚旗，都有公定的價格，誰都沒有例外，而這也成為廟方重要的財源。

●醮祭期間，廟方請專人修補鯉魚旗。

王令

西港慶安宮在王醮期間，也會準備許多王令，供善信們請回家供奉。原始代表王爺號令之物，後逐漸轉化為王爺化身的王令，早年都為黃布製成，今大都改成木雕，上刻神號及龍，頭呈尖形，大多漆成金黃色，雖然其身價（廟方的定價）及受歡迎的程度不及鯉魚旗，但仍有許多「信徒買回，放置自宅正廳神案上，視同供奉王爺。又有每屆醮期即帶回廟宇，放進王府內，以冀加強乃至更新其靈力之俗，謂之謁祖或鑑醮，但應捐獻香火之資。」（劉枝萬《台灣民間信仰論集》）。

除了式樣不同之外，其功能和意義幾乎和鯉魚旗完全一致的王令，若是第一次買回，要安置在家中時，要準備紅圓、發粿、桶箴、韮菜、芋種、鳳梨花、火炭、豆類、稻穀、鐵釘、銀、鐵等十二物供神，再依焚香、燒金、鳴炮的順序安位。這套慶安宮訂出的規矩，安置鯉魚旗時也一樣適用。

●台南喜樹朝天宮醮，信徒手捧鯉魚和王令，準備過火。

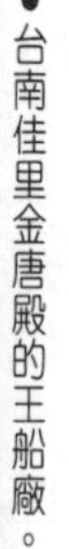
●台南佳里金唐殿的王船廠。

王船廠

一般的木造王船，建造期間至少需要四個月左右，有些地方更提早半年、一年建造，以吸引善信，這麼長的時間，必要有一專門的地方，做為造船師傅們的工作場所，並安置日漸成形的龐然大物。

王船廠正是為造王船而設的專門場所，場地可固定或臨時尋覓，建築形式也無特別的規定，只要是一個封閉性的場合均可，正面則為開放式，尾上寫有王船廠字樣，並繪飛龍彩鳳。廠中大多供有廠官爺，以護衛王船，此外，王船頭更設有香案，供民眾膜拜，並接受善信們的添儀。

雖只是用來造船的工廠，但民間普遍都將王船廠視為神域，許多敬神的規矩，在這裡也得遵行。

取艕與造艕

王船祭的主角就是王船，每次送王之前得先建造王船，造王船的重頭戲則在取艕與請艕。

艕就是王船的主幹，也稱龍骨，它是決定王船大小的關鍵，且王船的神性也從艕開始，如何選擇艕也就成了造王船最重要的第一步。

選擇龍骨俗稱取艕，依照神明決定的時間，童乩、四轎等一班人馬浩浩蕩蕩地前往指示的地點，童乩選好某一棵樹木，找來物主說明用途，商議購買或物主捐贈，簡單祭告之後砍下，再以熱鬧的鑼鼓陣頭一路恭回廟裡。

早年王船的寶艕，大多限定使用昂貴的檜木，晚近因地方開發的關係，木材愈來愈不容易找，其他的木材也可以充任，取回艕材，接著就請工匠開始造艕，先去掉不要的枝節，再刨成長條四方型，兩頭稍向上方翹起，至於要製成多大，多長的艕，王爺都會有清楚的指示，不得任意變更。寶艕造好，並漆成紅色，便待擇日請艕及安艕。

●取艕有一定的儀式（黃文博／攝影）

請𦨭與安𦨭

王船的龍骨初步製作完成之後，接下來要行請𦨭之儀，使船具有神性，同時也正式揭開王船祭典的序幕。

請𦨭其實就是將𦨭開光點眼，得在預定送王船的王船地舉行，早先得備牲醴、粿類、蕉、梨、芋、炭、五穀、錢、銼、酒、菜、醬、糖、柴、米……等物隆重祭祀，現今祭品大量簡化，儀式也僅開光點眼而已，由道士主持分別將𦨭、廠官爺、總趕公、天上聖母，各級部將、兵馬、水手等一一點眼，請神正式降臨，請𦨭遂告結束，自此以後，上述諸多神祇與兵將，日夜長守王船左右，監督匠師造船。

安𦨭則為正式造船的第一步，同樣得備簡單祭品祭船，先將𦨭就定位後，在𦨭頭及尾分別貼上「風調雨順」、「合境平安」之類的紅紙，接著合上船底，王船的粗形已經形成，這時鞭炮連起，鼓樂奏鳴，人人皆祈這是一個好的開始。

●安𦨭之後，合上船底，船便成形了。

造王船

龍骨開光點眼，送回王船廠安置定位，造王船的工作才可以正式進行。

王船為神明之物，大小形制都要依王爺指示而定，藝師所繪的圖形要請示王爺允許之後，再按圖施工。施工的第一部是木工，由木匠造船底、船艙，還有舵、槳、錨、桅及救生的小舟都不可缺，完後請藝師雕刻或彩繪，其中以彩繪佔大多數，藝師們先在船身各處打好底紋，再用彩筆繪成各種花鳥人物、神仙故事，飛馬風火輪或各種魚類，完工之後還得製帆及製纜，並進行最後的修飾，一切都要做到與真船無二致，才算完工。

大體仿照漁船形式製造的王船，從敀䑳到完工，大抵需要兩、三個月到半年的時間，有些地方由於經濟的因素，王船僅主幹用木材，以外都為紙板糊成，造船時間自然相對減少。不管造船時間的長短，王船請䑳之後便有神在，一切儀禮都得如同敬神，不能在王船廠內有任何褻瀆之行為。

●造王船一切都得依王爺的指示而來。

安樑頭、崁巾及龍目

王船船體建造完成，精美的彩繪也將船體裝飾得華麗迷人，得舉行安樑頭、崁巾及龍目的儀式，王船的主體才算告一段落。

安樑頭、崁巾及龍目，為王船成形之後首要的儀式，祭者莫不慎重行之。首先需要擇定良辰吉日，或由王爺指定特別之日期，請道士前來主持所有的儀式，「用獸面銅鏡一個，紅紬一點二尺分為十二條，五色線一百四十四條分為十二只，銅錢三十六文，分每三文為一結，結在五色線尾，將女丁十二支，訂在樑頭前面，是為『安樑頭』。又用紅紬一點二尺，合在樑頭夾縫之處，以蓋獸面銅鏡，是為『安崁巾』。華南沿海及台灣一帶民船，向被擬為一條活龍，而常繪兩顆大眼睛於船頭兩側，謂之龍目，蓋寓有辟邪之意；而王船亦不例外，此一安龍目之儀，謂之『安龍目』。」（劉枝萬《台灣民間信仰論集》）。

晚近的安樑頭、安崁巾儀式簡略許多，安龍目則重於開光點眼的儀式，各地繁簡不一，但隆重的態度不會改變。

●龍目開光點眼之後，王船便成神體。

紙糊王船

台地的王船，由於各地的風俗有別，王船的形式、大小皆不相同，但大體都以木為結構，富者全木造成，略者部份地方以紙板替代，但都屬於木王船的一類。此外，另有一種完全以竹和紙糊成的王船，自清代興起，一直留傳至今，陳文達修《台灣縣志》載：「十餘年以前，船皆製造，風蓬、桅、舵畢備……近年易木以竹，用紙製成，物用皆同。」。

目前盛行於八掌溪下游及嘉義沿海地帶的紙王船，大小約僅木造王船的一半，甚至只有三分之一而已，由於建造簡單，只需兩、三天便可完工，一般都不設王船廠，僅在送王之前，在廟裡借個地方工作，結構全部用竹，也沒有取艕和請艕之儀。

熟練的師傅，取來足夠的竹子，按船底、船身的順序紮成船型，船艙再加以補強，然後糊紙、彩繪，製作儀仗、錨、水手及帆等物。為方便這種紙糊的王船站立，也方便送王時扛抬，船底突出四根竹子，正如四根腳般，看起來雖令人發噱，卻成一大特色。

●嘉義沿海的王船，大多用紙糊成。

▶紙糊的王船，一樣設有廁所。

▼嘉義沿海地區的紙王船全貌。

守更

王船請艜的同時，也要為眾兵馬開光點眼，表示王爺的護衛兵馬同時到來，這批先遣部隊主要是守護王船的安全，同時也兼有到參加祭典的所有村庄巡邏查哨，確保地方平安的任務。

除了王爺的部將，廟方也要同樣負起守衛重任，這個任務就交給守更的更夫負責，每天從日落開始到第二天日出，可分為五更，更夫必須敲打更鑼，並口喊第幾更，做為時間的參考，俗稱報更，提醒王爺的眾兵將，依更出巡醮祭地區，同時也借著來回巡更走動，嚇阻宵小為非作歹，這項任務一直要到燒過王船之後，才告一段落。

盛行於東港系統的守更，王府前更建有更亭，供更夫們使用，這項沿自封建社會的工作，守更者的扮相也屬於那個時代，頭戴高籃帽，身穿青色的長袍，腳著黑鞋，每天入夜之後在更亭中都可見到他們的蹤影。

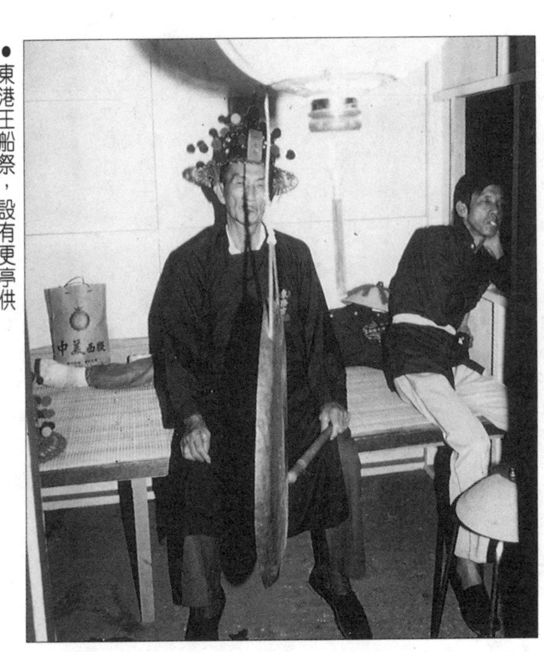

●東港王船祭，設有更亭供更夫守更。

●眾人齊心拖王船出廠。

王船出廠

王船造好之後，必須在醮祭之前擇定一日，護送王船出廠，並舉行新船下水之儀。

各地方對王船出廠重視的情形大不相同，有的廟並不大重視，僅廟方人員參與，有的則列入正式活動，要善信準備祭品水果前來祭拜，不管如何，要將一座龐然大物陸上行舟，送到廟埕上安置，必定是件大費周章的事。

王船出廠之前，要先請神，暫時撤除香案，繫粗繩於王船上，另有人準備槓木及滑板，到了良辰吉時，一聲令下，大夥或拉繩，或用槓木翹動，更有許多人扶住王船兩側以防傾倒，碩大的王船才得以緩緩出廠。

歷經許多辛苦，王船終於抵達廟埕預定暫泊的地方，隨即下錨安船定位，並忙著擺設香案，安置廠官爺、總趕公、火工、香公、班役、水手……王船在此暫泊，直到送王之日。

●王船出廠，班役們也要安置定位。

下碇暫泊

王船出廠到定位後，表示王船初航至海上，得舉行象徵性的下水禮，並下錨停泊，等待眾瘟王前來乘坐，直到遷船繞境或王船出行之日。

新船的下水禮，向來都備受重視，澎湖有些王船，就實際到海邊行下水禮，台地王船大多行象徵性的儀禮，為了表示隆重，早年得特別用乾淨的新水缸，盛取大河的水備用，等到王船出廠時，取一些水潑在王船上，並唸誦吉祥句語，如：「彩船下水，合境平安，八節有慶，海利大進，風調雨順，五穀豐登……」其餘的水則分置於三個水桶或陶缸中，供王船下錨之用。

晚近因河水污染太過嚴重，取乾淨水日漸困難，對水的來源漸不限制，王船定位後，船長緩緩命水手們將船首的三支錨放下，分置於水中，象徵下錨暫泊，然後再以牲醴、粿糕祭祀，焚香燒金之後，儀式遂告完成。

●下碇之後，要暫時停泊到出行。

王船安座

澎湖地區的王船祭典，一般在送走舊王船之後，不論下一次何時再送王船，大多會很快另造新船，供人們祭拜。

王船造妥後，平常就放置在王船廠內，遇到祭典或重要迎神賽會時，要請法師主持安座儀式，先得起碇，大家合力拖出廠外，放置定位後，由法師安座，其中最特殊的是法師開三鞭：「一打天門開，二打地戶裂，三打寶艦發動，合境平安，四時無災，八節有慶，添丁發財。」（黃有興《澎湖的民間信仰》）。

安座之餘，善信們更必須按時送菜，以供養船上的兵士、班役，平時約每三個月添一些米、鹽、柴、等物便成，若在迎王期間，供應的東西不只柴、米、油、鹽、醬、醋、茶等開門七件事，還得有魚、肉、蔬菜、餅乾、香煙、酒以及罐頭、飲料……等。

●頭家爐主輪流敬奉王船。

●東西轅門也屬衙門的一部份。

造衙門

王醮或送王之前一、兩個月，廟方需開始佈置場地，以迎接祭典的來臨。

儘管各地迎王的祭典並不相同，但大多會將廟的正殿改設為王府，並在殿前設置衙門，戲台及各廂。

造衙門可算是王船祭典正式開始的序幕，衙門之圖形及設施，同樣要請王爺過目，並依所指示的日期，請木匠開始施工。屬於臨時性設施的衙門，雖只是用三夾板釘成，但為顯示熱鬧的氣氛與莊嚴的威儀，彩繪的工程也就特別重要，飛龍彩鳳，八仙四獸，花鳥人物，無不精工繪製，栩栩如生。

建造衙門的同時，廟前的戲台，左右轅門、中軍府、總趕所以至於王府之設施，也都同時整建，至全部完工之後，衙門之內便屬於淨地，一般善信不得任意亂闖。

衙門與王府

衙門和王府都為封建時代的設施，王醮之中引來使用，主要是為了劃出特別的區域，以供王爺暫居，而為表現王爺地位的尊崇，自然得設重重關卡，並需經一定的儀式才得晉見王爺。

王府既為代天巡狩的宮殿，一般閒雜人物都不能進入，以維持莊嚴肅穆的氣氛。東港東隆宮迎王時，主神溫王爺要暫讓出正殿供作王府，西港系統的王府，門口設有：投文、領文、放告、參謁、稟事等五座掛牌，王府前的衙門，中門上書行台兩字，表示王爺出巡暫駐之所，衙門內供六騎或八騎，中間的廣場可供神轎停駕，衙門之外，左右各設有東轅門及西轅門，原為衙署的外門，不過擺在這裡並無實質之用，僅為裝飾而已。

●小琉球迎王期間的王府外觀。

瘟王令

王爺刈香或醮典之中，常可見到瘟王令，或由旗牌官捧著，或者單獨繫在馬背上，出巡庄頭，令人側目。

大多數由木頭雕成，仿似神主牌造型，底下設有座，上書代天巡狩或王爺神號及其他法令符咒、龍頭雕刻的瘟王令，一般都稱為王令（為與西港慶安宮供善信奉祀的王令區分，特稱瘟王令），為王爺命令的信物，所到之處就像王爺親身出巡，地位自然不同凡響，人神都敬畏有加。

民間對於瘟王的崇祀，早年大都懷著敬而遠之的態度，晚近雖因信仰的轉型，瘟神成了遊縣吃縣，遊府吃府的代天巡狩，並為人民祀以除疫的主神，然而人們對於瘟神大多「無以名狀，西南沿海多用王令象徵。」（黃文博《瘟神傳奇》），因而許多廟宇，無論主神是誰，往往都會在側殿或廂房供奉瘟王令，以示對王爺的崇祀。

●手捧瘟王令，準備上馬的旗牌官。

旗牌官

旗牌官是西港系統王船信仰特有的職務，主要的任務是攜帶王令，代表王爺出巡祭祀圈內的各角頭。

隸屬於中軍府的旗牌官，因建醮期間，瘟王得鎮守王府，旗牌官乃代王行事，大多著清代服制，武將裝扮，身騎王馬，手捧著王令，威風凜凜。送王船之際，也在現場歡送王船出行，因而被視為是祭典活動中的總指揮，少了他一切儀式都無法進行。

由於旗牌官地位特殊，出任者都被視為最有福氣者，加上他最接近王爺祭典的「權力核心」，每個醮科都有許多人爭取，每座廟處理的方式也不同，有的廟定出一定價碼後，由信徒擲筊決定，也有的廟以捐獻最多的榮膺，更有由神明指定某人出任的例子。

●馬上的旗牌官，威風凜凜。

●台南三寮灣醮，所塑的中軍府紙像，栩栩如生。

中軍府

王府之旁，左右兩殿大多會另設兩廂，供奉其他護衛神祇，最常見的以中軍府和總趕所為多。

王爺麾下的中軍，實為倣清代的軍制，中軍為主帥下首要的帶兵官，許多王爺廟都常設有中軍府，供奉中軍爺，其功能頗似五營元帥中的中營，負責王爺護衛軍團的領導統御工作，但比中營更具軍權與地位。

王船祭典中的中軍爺，需跟隨代天巡狩登王船遊天河，中軍府自是臨時性的設施，中軍爺也是紙糊的神像，高約四十公分，戴武冠，著武裝，粉紅臉黑鬚，儀表堂堂，威嚴過人。大都為王爺祭期之前才請來，東港東隆宮的中軍爺出現，相當有趣，「通常在迎王前一天的凌晨，會有一位或幾位老前輩睡覺時會被啼聲吵醒，他們即開始通知鎮民、中軍府已經到了。」（康豹〈屏東縣東港鎮的迎王祭典〉）。

中軍爺為盡護衛之責，代天巡狩所到之處，都可見到中軍爺在前開路引道。

●西港迎王，中軍爺出巡的排場。

總趕所

一般王府的格局，大都將中軍府設於左廂，右廂則為總趕所。

總趕所顧名思義，乃是供奉總趕公的地方，此外，往往還有廠官爺、天上聖母及其他神祇。總趕公或稱總趕爺，為最擅長領航之神，祂的任務是引導王船出海；廠官爺原為王船廠之神，主司王船建造之責，入醮之後才請至總趕所一併供奉。

天上聖母為航海之神，為隨王船一同出海，也得另行奉祀，和平常廟中常供之媽祖不能混為一談。

總趕公、廠官爺和媽祖及諸多部將都要隨侍王船出海，全都是紙糊的神像，高在三、四十公分左右，前者白臉無鬚，英氣逼人，廠官爺粉紅臉黑鬚，容貌端莊，媽祖則仿一般媽祖形貌。總趕公和廠官爺所負責的職務，一般人都不大重視，自然少有人注意到他們的存在，但有媽祖加入，使得總趕所前經常聚滿善男信女們。

●東港王船廠中的廠官爺。

班役規條

王府設立之後，便定有許多規矩令人神遵守，西港系統的王船祭，大多會頒佈許多條規，〈禁軍兵營伍班役規條〉，則是規範班役行事的命令。

張貼在王府內或衙門口的班役規條，主要的目的是希望所有部將都能各守本份，以免滋擾地方，妨害人民安寧，具體的條文則規定：一是「五營官軍兵馬等各宜常在營伍聽點卯酉，不得遠遊境土，違則必究。」二為「把門班役凡有投稟准於掛投文牌之時呈進，及收投文以後一應事務不許投告，違則必究。」，三則「往來人等從府前經過，凡遇開門之時，宜從營牆外不許闖入營牆內，把門役自當速慎阻止。」

班役規條的每一個規定，都是為了維持王府的莊嚴而訂定的！

禁軍兵營伍班役規條

特授代天巡狩 吳 為曉諭事照得幽明雖有殊途陰陽總無二理
神人一到鑑察無私本代巡遵依
天道化行保護所以安境土而庇民生也爾等管隨營隊務須各守本規
毋得混擾地方有妨雞犬違則必究
一、禁五營官軍兵馬人等各宜常在營伍聽點卯酉不得遠遊境土違則必究
一、禁把門班役凡有投稟准於掛投文牌之時呈進及收投文以後一應事務不許投告違則必究
一、禁往來人等從府前經過凡遇開門之時宜從影墻外不許闖入影墻內把門役
自當速慎阻止毋違特示
天運 年 月 十三 日給
發貼曉諭

●西港王船祭所立的班役規條。

警告牌示

對於部將與班役，王府有明確的禁令，對於其他的信眾或人物，西港系統的王府，也設有其他諸多的警（敬）告牌示，供大家參考遵守。

「免揖賜坐」是最具有人情味的告示牌，告訴來訪的客人不必那麼客氣，王爺賜他坐下，反映出神界的待客之道。

「禁止喧嘩」則警告王府附近的民眾，不得隨意喧嘩，吵擾王爺的安寧；「鎖拿閑人」警告沒事的閒雜人物，不要隨便接近王府，否則班役可憑令提拿下來。

這些警告牌示每醮科都高高的掛著，可惜很少有信眾注意到它們，更不要說還有什麼作用了。

▼鎖拿閑人的警告牌示。

案公、書辦與內外班役

西港系統王爺信仰中，王府內主要的神職人員，包括案公、書辦、茶辦及內外班役。

案公為王府中職務最高者，正案代理王爺處理事務，副案協助用印。案公之下則是書辦，分總書辦及書辦，前者一人，後者一、二十名，顧名思義，他們乃為所有文書的辦事員，請王回駕時，各會首及老大，要投手本三次，書辦必須負責將手本收起，表示代表王爺收起旗牌官、主會、老大、書辦、內外班役等人願意替王爺服務的志願書。

王府內也需要一些勞役性的服務人員，茶辦、內外傳及內外班役都屬此類。茶辦的職司也很清楚，就是茶水服務生，內傳達負責王府內傳達王令，外傳達則將王爺旨意傳於王府之外。

著整齊清裝，人數眾多的內外班役，也分內外，內班役負責府內安全及醮期中的排衙，外班役負責衙門口及外場秩序的維持。

●王府內的人員，各有不同職司。

內司與班頭

東港東隆宮的王府之內，設有內外兩班人馬，負責處理王府的一切事宜，分別是內司與班頭。

內司又稱振文堂，乃是由二十幾位地方耆老所組成，主要的任務是處理王府內所有的文書事宜，從準備疏文、牒表、公告……到負責舉行王府內的每個祭儀，地位仿似舊時府衙中的文官。

班頭另稱振武堂，也就是王府前的護衛，人數眾多，且採輪班制，主要的任務包括：傳令、排班、維持秩序、處罰人犯、為善信解運……等。

擔任內司或班頭，不僅有機會為王爺效勞，且又與王爺最為親近，許多人都想任職其中，但除非是王爺特別指示，否則只有等出缺時擲筊以取得機會。然而內司和班頭的內規，都允許父子直接傳承，外人想擔任這個職務，機會相當渺小。

●東港王船祭的各項職司人員，都允許父子相傳。

請王

王船祭典正式展開之初，必要先請王，也就是代天巡狩駕臨，暫駐王府待所有祭典舉行完畢，再隨王船出行。

各地請王之俗都不相同，東港的請王都由轎班負責，他們於請王之期，於海邊候駕，王爺駕臨時，轎班會起童，回到祭台的供桌上，用轎籤書寫「奉玉旨代天巡狩×」，最後一字為瘟王姓氏，若對了眾皆跪喊「大千歲駕到！」，所有轎班、陣頭便浩浩蕩蕩地將代天巡狩迎回廟中。

西港系統的請王，得到送王之地舉行，眾人扛抬大轎多頂，內裝大、二、三千歲、中軍府及其他兵馬神像，來到請王之地，設案朝海邊隆重膜拜，並由道士將上述諸神皆一一開光點眼，善信們全都跪拜虔誠禱祝，祈請瘟王降臨，接著由廟方主事，會首等人擲筊求示，直到聖筊顯示瘟王降臨，男女信眾全都伏跪叩謝，請王儀式遂告結束。

澎湖地區的請王，則由社眾齊聚於海邊設案，恭請瘟王降臨後，再予神像開光點眼。

●澎湖地區的請王，都在海邊舉行。

代天巡狩

王船祭典中，主持祭典的非民間供奉的三府或五府千歲，而是玉皇大帝特別派命的代天巡狩——十二瘟王。

代天巡狩顧名思義，乃是代替玉皇大帝下凡巡狩地方，每一年由一位瘟王輪值，瘟王的姓名與輪值的年份為：子年張全、丑年余文、寅年侯彪、卯年耿通、辰年吳友、巳年何仲、午年薛溫、未年封立、申年趙玉、酉年譚起、戌年盧德、亥年羅士友，不過也有些地方由於誤傳或其他因素，許多科年的輪值王爺並非上述千歲。

台灣地區的王船祭典多數三年一科，如此有許多王爺輪不到當值，因而西港系統的王船祭，每科都由三位瘟王當值（丑年余千歲、侯千歲、耿千歲、辰年吳千歲、何千歲、薛千歲……），然而東港系統的王船祭，每科卻只一位瘟王當值，且事先任何人都不知道是那位瘟王，一定要到海邊請王，當值瘟王才告知姓氏，在過去醮科中，更出現徐千歲、楚千歲、宋千歲……多位不同於常見十二瘟王姓氏的代天巡狩。

●各地每種迎王的代天巡狩都不同姓氏。

登殿安座

西港系統的請王活動，回到廟裡還有一個相當重要的登殿安座儀式，在這個儀式中，可以看出人們對瘟王戒慎恭敬的程度。

請王隊伍回到廟前，王府中的書辦需手捧保生大帝神像前來迎接，行三跪拜禮，瘟王才請出轎外，內外班役、茶辦、書辦、案公……等早已恭敬立於兩旁，恭迎瘟王駕臨並登大殿。

瘟王登殿之後，書辦馬上點香膜拜，茶辦則備茶及香煙敬祀瘟王，從此以後，必需定時換茶遞煙，準則是每燃過一枝線香就得換一次，不得怠忽。

安座之禮，需由道士主持，先請瘟王坐定位，然後，宣疏誦文，簡單隆重的安座禮遂告完成，這時案公必須將事先準備好的王府內外警告牌示，如：禁止喧嘩、免揖、賜坐……等，拿到瘟王之前請示，並由正案用硃砂筆圈點後，張掛於定位，以維持王府的莊嚴。

升堂

瘟王安座之後，王府內每天都有固定的行儀，並分早、午、晚堂。早堂於清晨時擊三通鼓，用過早餐後接著進行升堂、排衙等諸多行儀，午堂及晚堂也是擊鼓以熱鬧王府，接著再行各種活動。

升堂乃是請瘟王登公堂之意，先擊鼓鬧場後，傳宣表示各班人馬都已就位伺候，才能到瘟王案前半跪請王升堂公座，並令各侍侯人員就定位，接著又以三通鼓聲，打開王府大門。

開門之後要行讚堂，由外傳宣喊：「軍勞讚堂」，「軍勞讚齊」、「軍勞執棍」、「軍勞出棍」、「軍勞入棍」等，內外班役依命令回應並執行，儀式便成，下一個節目乃為排衙。

排衙也就是內班役的整隊排演，以六人為單位，分龍、虎兩班，各執衙棍，按鼓聲行進，一鼓一步，並由龍班為首者高吟：「皂隸當堂排衙」，虎班回應：「左右分班」，然後是「千歲駕到」，「合境平安」……每人皆輪流吟唱過後，兩班人馬分立兩旁，收起衙棍，恭敬等候瘟王差遣。

●王府內每天都要按古禮升堂、排衙。

開印諭告

迎王祭典期間，瘟王為地位最崇高之神，任何活動、事件、祭禮都必須徵得祂的同意，任何文件、告示、旨意，更需由祂發文。開印乃是瘟王登堂之後，首度使用印信之儀。

瘟王開印，需先鼓吹隊喧鬧一番，然後取來書寫妥：「榮任大吉」、「登殿大吉」、「開印大吉」之紅紙，打開瘟王神印，一一蓋印，每蓋一印旁人便高唱吉祥詞句，三印蓋完，儀式也就結束。

開了印之後，王府內外的許多告示、諭文也可以一一圈點、用印，然後命人分別張掛在各處。圈點、押日及用印由正案負責，每件都必須捧到瘟王案前，並以半跪禮進行，虔敬之情充份流露。

大體而言，王府內外的諭文、告示，包括：請王諭告、蒞任大告示、王府堂規、禁軍兵營伍班役規條、上任短諭、登殿短諭、開印短諭、禁班役假公行私恃勢欺人短諭、禁排賭販擔短諭、禁闖道短諭……等。

●張貼各種告示，以告知人民祭典的行事。

掛牌

西港系統的王船祭典，王府的大門口有五個相當特別的牌座，任何人要晉見瘟王，都必須依牌座的順序行事，絕對不得便宜行事。

王府前的牌座，都為木製，高約四、五十公分，寬約三十公分，底設有基座，以供立地之用，頂上裝飾有斜屋頂，白底黑字的牌面，分別書寫著：投文、領文、放告、參謁、稟事，每一面牌座，代表晉見瘟王的一個儀式。

完全襲自封建社會舊俗的掛牌之儀，首先是投文，由傳達在儀門外誦：「啓千歲，掛起投文牌」，再經重重傳達，最後瘟王受理，接受善信們的虔誠敬獻。

領文乃為旗牌官要出巡探查民情時，領取瘟王令的儀式，過程中鼓樂齊奏，相當熱鬧。旗牌官領走神令，收起領文牌，再下來就是放告，乃是開放民眾告訴冤曲之意，但每次只是象徵性的動作，馬上又把放告牌收起，怕的是真有人來告狀。

參謁則是參拜瘟王之禮，主會及董事們行三跪九叩禮，案公、書辦行二跪六叩禮，餘下行一跪三叩禮，隆重參謁之後，行儀暫告結束。晚堂之後，再行稟事，主要是旗牌官回王府繳令，並稟告外面所見的情形。

●西港王府前，設有五個牌座。

●旗牌官不僅白天出巡，夜間要負責查夜。

查夜

軍事單位，為維持部隊的安全，都會有查夜的行為，仿舊時兵制而建的王府組織，為了維護夜晚的安全，也特別需要查夜。

晚堂的行儀，經過點卯掛牌，公告第二天活動的牌式，旗牌官又巡查回府稟事之後，完整的王府行儀暫告一段落，晚餐之後，旗牌官得再次出門，負責的卻是查夜的工作。

旗牌官查夜，同樣需要向王爺領令，得到允許之後，乃擕瘟王令夜巡，直到半夜之後，再回到王府稟事，「至案前跪下繳令，唱云：『啓千歲，旗牌領令查夜，四方無事，合境平安，萬事大吉，大大吉。』傳宣接令，唱云：『旗牌繳令』，然後收起稟事牌……」（劉枝萬《台灣民間信仰論集》）。

查夜雖無特殊的儀式，日巡夜查的行為，卻充份顯示出王府行事的周到。

祀王

瘟王坐鎮王府之內，每天早晚都必須以隆重的行儀祭祀，稱作祭王或祀王。

祀王也依地域的不同，儀式繁簡不一。東港地區的祭王，由大總理主持向瘟王主祀，其他內司則同時祀中軍府、王爺轎及王船，祭典相當簡單，乃備香、茶、糕、四果、檳榔、煙（水煙或香煙）等物，一一獻敬給王爺便成。第一次祀王之後，每日晨、晚兩次都必須行禮如儀，以免怠慢了瘟王。

西港系統的祭王，則是每天三餐，準備素食置於供桌上以祭祀，稱為小筵，第一次祭祀時，也要舉行獻禮，後每日依例舉行，儀式較為簡略。

開水路

王船原應為海上漂流之物，為因民間信仰的需要，送王船都在陸上舉行，為了讓王船順利出行，於是設計出了開水路的儀式，以替王船開航道。

送王船的開水路儀式，主要是引導王船前行，東港系統的王船於遷船繞境時，便需開水路，西港系統則在王船出行前，道士點完添儎與兵將後才行，道士先以象徵性的動作表示升帆和解纜後，「接著手提水桶向船頭和船尾潑水，象徵『潮水已到』，潑時大喊：「灌龍灌斗頭，順水真順流；灌龍灌斗口，順水真順走。」最後接著鋤頭在船前別了一道痕跡，表示替王船『開水路』，象徵可以直駛大海了。（黃文博《瘟神傳奇》）。

一般所見的開水路，大多由兩人負責，一人在前拿一把鋤頭，表示挖出一條溝渠，另一人提一壺水一路澆灑，此外另有挑在肩上邊走邊灑或用車載水的例子。

●西港燒王船執事人員開水路的情形。

遷船繞境

台灣的王船祭典，受到地域的影響相當大，祭典的特色也各不相同，西港系統的王船，迎王期間乃行盛大的刈香活動，東港系統的王船祭，則舉行遷船繞境。

所謂遷船繞境，乃是請王船繞巡參與迎王盛會的祭祀圈，主要的目的有二，一是希望藉著出巡各庄的機會，鎮邪祛瘟，為村里帶來吉祥，善信健康平安。二則希望藉著王船的出巡，獲得更多善男信女們的添儀。

遷船繞境大多分角頭依序舉行，民間認為王船所到之處，疫禍遠去，善信們莫不紛紛準備各種添儀物，以壯王船行色，以祈王船賜福。西港系統的王船雖然不行遷船繞境，送王船之時，卻同意善信們摸王船，謂可大吉大利（此俗在東港送王船時被視為禁忌），因而每有許多善信義務擔任牽船的工作。

●小琉球迎王的遷船繞境。

添儎

王船祭典中，虔誠的善信們都會準備各式日常用品以及金紙香燭等，為王船添儎，以壯王爺行色。

民間信仰中的王船，雖為宗教物，然而它的理念完全來自現實生活中的真船，船上配置的人員也和真船無異，船上自然需要各種民生必須品，柴米油鹽醬醋茶一樣都不能少，而這些東西都靠信徒們提供，以添增裝儎，因而乃稱為添儎。

善信的添儎物，種類包括白米、柴火、沙拉油以及金紙等物，也有人會買來煙酒添儎，為表示獻給瘟王之物，所有的添儎物都特別包成小包，柴火也是撿細材綑成一小把，油則用小塑膠瓶裝，看起來頗似兒童扮家家酒之物，相當可愛。善信們添儎的數目，視自己的能力而定，從造王船開始，便可為王船添儎。若不方便購買實物，也可以用金錢替代。

東港系統的王船祭，都在牽船繞境時，善信為王船添儎，小琉球的王船繞境至漁港時，漁船也會打開船艙，祈求王船為之添儎，爾後出港趟趟滿載而歸。

●添儎的東西，包括開門七件事等項。

宴王

宴王又稱為開筵，因地區不同而有所差異，都在送王的最後一天舉行，目的是取悅瘟王，進而歡送出海。

為了表示隆重，宴王之時不僅全以葷菜敬奉，東港地區甚至要準備一百零八道滿漢大餐，其他地方也多備山珍海味，種類多達六、七十種以上。

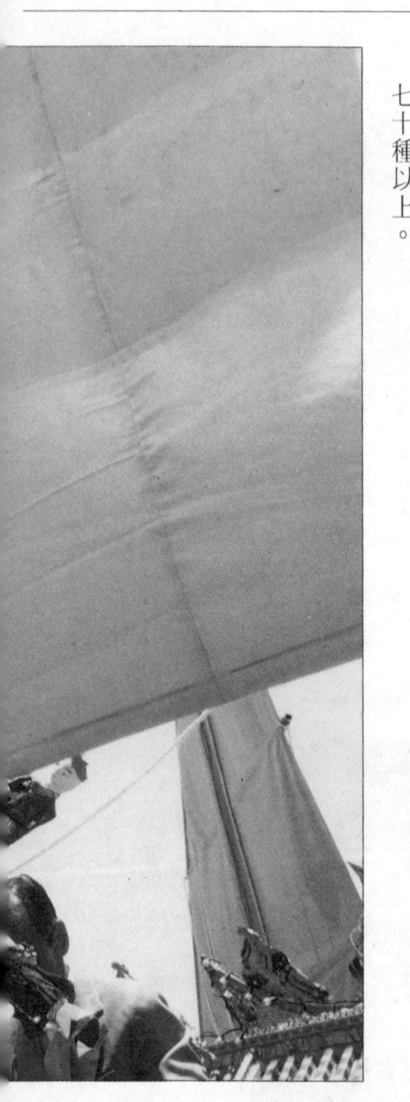

西港系統的開筵儀式，乃是由保生大帝為東道，王府備妥筵桌，上擺山珍海味，由一人抱著大帝神像，到大千歲神前鞠躬作揖，請大千歲登坐筵桌，然後再請二千歲、三千歲，全都坐定後，保生大帝再命人持酒，一一向三千歲敬酒進饌，儀式恭敬隆重，完全仿照舊時宮庭之宴會。

東港王船祭中的宴王，則由大總理陪著千歲吃肉喝酒，有趣的是要一口酒，一口肉，絲毫急不得，一旁則有專人唸誦祝文，直到半夜方告結束。

和瘟

和瘟是王船出行前的重要儀式，目的是請求瘟神不要將瘟疫留下來，免得為害人民。

傳統的信仰觀念中，帶來瘟疫禍害的，不僅五瘟神和十二瘟王，還有行瘟使者、行病使者、行瘡使者、行麻使者、行疹使者、行痢使者、行蠱使者、行毒使者、追魂大王、勾魂大王、寒熱大王等等，這些帶給人民災禍的惡神，必須在和瘟時一併請來，隆重祭祀之，並向這些神祇說明境內人民善良純樸，與世無爭，請求諸神能夠高抬貴手，免降禍端給他們，讓境內人畜平安，安居樂業。

和瘟科儀，有些道長也會請些專門祛瘟解瘟的神明前來助陣，如和瘟勸善大師、和瘟教主匡阜真人、明覺真人……等，三獻禱祝完了之後，道長接著上疏「天赦和瘟符命」，為境內諸善信祈求「前世今生故做誤為大小罪愆並行赦宥，時氣收回，所患平安。伏乞體上帝之好生，庸下民祈禱之誠。……」（康豹〈東隆宮迎王祭典的和瘟儀式及其科儀本〉）。

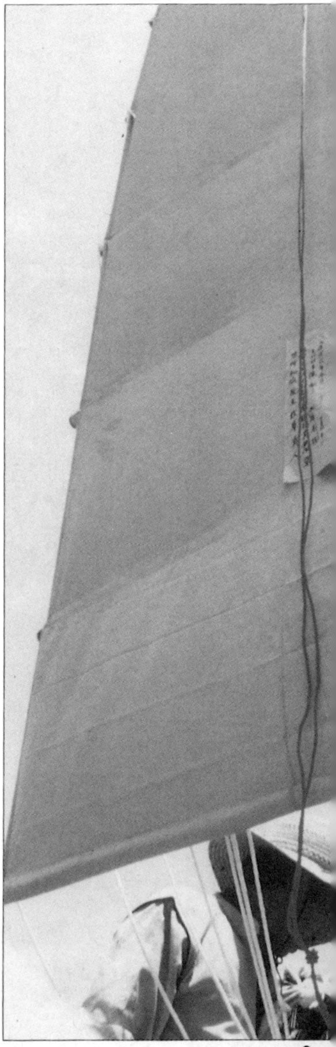

●和瘟科儀，道長要在帆上張貼和瘟符。

點添儎

王船出行前，道士必須將船上的東西一一清點，看看是否完全備妥，以免東西準備不足而造成困擾，點添儎便是清點添儎物的活動。

點添儎之前，要先按照《倉口簿》將船上所需的東西一一請上船，擺置妥當之後，道長再持《倉口簿》，站在王船上一物一物的清點，每唸一物，道長接著問「有無啊？」一旁的工作人員以及圍觀的善信皆大聲答曰：「有啊！」全部清點完後便大功告成，不過有些地方每日晨昏都需另點一次，到了王船地也需重點一次，以示慎重。

每一位道士手中的《倉口簿》，所備的東西都不相同，南部天師府大法師金登富的《倉口簿》，記載的內容如下：「船桅三支、錠五支、帆起三線、水手十二名、縄二口、灶二個、菜刀三支、砧三塊、碗四縛、筷子四縛、碇六個、水硿二個、酒甕三個、碟二十四塊、大碗砍三十六塊、斧頭二支、柴刀二支、湯匙四打、鹽三十六包、米七十二包、柴七十二擔、豬一隻，雞六隻、鴨六隻、魚一擔、菜四包、魯班用具一副久在、檳榔、煙、鴉片、棕簑十二領、斗草笠十二頂、小船二隻、酒十二壺、油二罐、醋一罐、茶葉一包、茶杯十二塊（個）、酒杯十二塊、茶瓶二隻、璉保二副、四色牌十二副、天九牌十二副、虎貓四副、白魚牌十副、豆九二副、仕相棋子二副、璉投二副、三六仔二副、麻雀牒一副、象棋盤二副、鼊榎二支、鼎刷二支、飯濾二支、鼊枸四支、火刀石二副。」。

●點添儀是按照《倉口簿》進行，每樣東西都要清點。

點兵將

送王之前的最後之儀，還需點兵將，也稱點船班，以清點王船所乘之所有官將和班役是否到齊，否則缺了一名，不只會誤了送王大事，還可能留下危害地方。

點兵將實為唱班點名，也叫〈官將送船歌〉，各門各派的內容及方式都不同，主要的形式都是道長一一點唱官將名稱，隨從及觀眾大聲答應「有哦——」，全部清點到齊，王船才能出行。

王船上所需的官將大體包括：火長、舵公、副舵公、鴉（押）班、副鴉班、大繚、二繚、頭碇、二碇、一纏、二纏、三纏、才副、真庫、香公、總管、三板公、總舖、押扛、船主爺、水首、船夥、兒郎……等，點名完後，道長接著唱：「鹽、糟、醬、醋、柴、米、糖、酒、水、什物各各齊備，人馬各各鳴鑼，擊鼓車（昇）帆起錠，縱船出澳伺候，大王上船坐位，吉時起駕……」。

●船上的兵將，早晚都要點名。

眾兵馬

王船上的眾多紙紮部將，大體可為為王轎、王馬以及各職司的部將。除了王轎體積稍大之外，其餘全高不及二十公分，以五彩色紙製成，個個精巧可愛，入醮之後，便安置在王府側殿，待送王船時，再一一請至王船之上，為瘟王及諸神服務。

諸多的紙神，因多仿舊制做成，名稱也都以封建時代官脔之稱呼，致使許多稱呼，令善信們根本搞不清楚用途，試舉簡單之例如下：總趕公也就是總管，魯班公也就是木匠，配置於船上以利隨時修繕，香公為專司點香燒金之人，負責事務協調者稱直叩，出納人員美名財富或財寶，負責升帆、降帆者為阿班（鴉班），火工也就是廚師，清潔人員的古稱，則是易牙。

王船出行時，所有的兵將都要先登船就位，並仿似軍營中的點兵將之後，才得進行另一個節目。

●船上的所有兵將，都用紙糊而成。

拍船醮

遷船與和瘟之後，接下來的儀式便是祭船。祭船也就是俗稱的拍船醮，為燒王船之前最重要的科儀，意義是請眾瘟神上船，並做最後的祭拜，祈求瘟神和氣離地，不要侵害當境的平民百姓。

拍船醮舉行的時間，各地大不相同，西港系統都在燒王船前一天夜間舉行，台南系統有的仿西港系統行之，有的到了王船地才舉行，東港系統則在遷船繞境之後舉行。拍船醮的科儀，各地也大不相同，有的需行一、兩個鐘頭才得結束，有的草草三十分鐘便能了結。儀式大體包括兩個階段，一是請神上船，二為祭船：請神上船是將道壇所有的瘟神請到船上，道士需備三牲，一一向眾瘟神行三獻禮，恭恭敬敬地請神上船，等瘟神上了船，一方面使用押船旗將不願上船的瘟神小道驅趕上船，同時也舉行祭船儀式，趕走船體四週的妖魔邪道，同時也令船上諸瘟神安心隨船出行，不得再留下來危害四方。

●趕瘟上船的儀式，相當好看。

●拍船醮實乃祭船儀式，也是最後一次祭船。

押船旗

王船出行之際，在船之前後，必有一支留有大拍尾的透青竹，綁著黑色長布條的旗子，是為押船旗。

全黑布製，上繪白色符令式圖案，並書有「和瘟教主匡阜大真人掃妖除氛罡」之類字樣的押船旗，也稱作和瘟旗，主要的功用在押解不願離境的瘟神疫鬼，跟著王船出行。

儘管民間對於王船的信仰，已從帶來瘟疫轉化為除瘟之神，然而其瘟神的角色與背景，仍多少存在著，善信們在熱鬧送王船之際，總是害怕還是會有一些頑劣的瘟神疫鬼不肯離境，進而危害地方，因而乃有押船旗的設計，於拍船醮時強迫所有的疫鬼上船，出行時並一路押解，深怕有劣鬼私自逃離下船，直到送王時，也插在王船邊一併跟隨遠去，如此全程押解，才能真正避免留下遺禍。

●全黑的押船旗，爲押瘟的法寶。

封艙

點完添儎之後，王船要舉行封艙儀式，表示船上的東西完全由瘟王點收，任何人都不能私取自用。

封艙之儀相當簡略，大多由道士主持，清點過所有添儎物品，任何東西都不短少，接著向王爺稟明情況，並祈王爺庇佑風調雨順，合境平安，五穀豐登，海利大進……之類的吉祥語，便可持分書「玉皇勅令代天巡狩擇於×月×日封艙大吉」「玉皇勅令五府千歲擇於×月×日封門平安」字樣的封條，分別貼在艙上及門上，或者交叉貼在船艙頂上。

貼完封條，封艙之儀也告結束，添儎之事也告一段落。

▼道士封了艙，表示船上物品由瘟王點收。

王船出行

最後的祭船儀式結束，道士開了水路，王船終在萬眾的擁護下，緩緩出行了。

這是王船的最後一段旅程，虔誠的善男信女們莫不擠在王船旁陪伴相送，更多的人希望為王船效最後一份力，競相搶拉大繩以助遷船。東港的王船卻有不得摸船體的禁忌，則限七角頭的轎班人員參與，且每個角頭負責的也不同，分成王船身、中桅中帆、前桅前帆、後桅後帆、正碇、副碇三付以及溫府千歲大轎等七部分。

王船在陸上行舟這段期間，移動王船的方法，大多是在船底下繫兩條大繩，由眾善信們用力拉動，有些地方因船底直接在地上拉動，阻力較大，特別設計一裝有輪子的底座，供王船乘坐，王船前同樣設兩繩，讓信眾們牽拉。有些地方則因船體較小或行經路線上下坡太多，則以扛抬的方式送王船出行，八掌溪一帶的紙王船以及安定蘇厝長興宮的王船，都是被眾人扛在肩上送走的。

北部地區一些不定時，為某些特殊理由而行的王船祭，因受交通擁擠之限制，常以大卡車直接載運王船至王船地。

●安定蘇厝長興宮的王船，以扛抬的方式出行。

●西港王船祭，競相在前牽纜的善信們。

買路錢

買路錢變成吉祥物，說明民俗行為常會因人們需要與認知的不同，而產生許多改變。

民間信仰的觀念中，每塊土地都有專職的神明看守，不管是路或橋，也同樣有神專職之，而神所到之地方，同樣也是孤魂野鬼所及之境，這樣的觀念，其實正是現實社會黑白兩道同在的翻版？

既然每個地方，每段路、每座橋都有角頭把守，要通過他們的地方，留下買路錢似乎也就成了理所當然之事。王船出行或遷船繞境，工作人員沿途都會抛下許多的金紙和銀紙，金紙是給神明的買路錢，銀紙是買通孤魂野鬼，以方便順利通行用的，這個最典型的賄賂鬼神行為，卻受到人們的誤會，認為王船上撒下的東西都是吉祥物，眾人莫不競相搶奪，甚至雨傘、帽子都出籠了，每個人都希望搶幾張回去供在神案上，民間的說法是可保佑平安，甚至謂貼在門上可辟邪。

●競相爭奪買路錢的善信們。

王船地

傳統的送王船，照說都要送到河邊或海邊，後來因送王形式的改變以及河道及海岸的變遷，有些寺廟無法再將王船送至河邊或海邊，另行擇地送燒王船。

被選來燒王船的地方，就叫王船地。它可能依舊在海邊（東港、小琉球、澎湖）或在河邊（嘉義布袋、台南安定蘇厝），也可能就在廟埕之前或側邊（安定蘇厝、柳營），或者必須大費周章，選擇一塊碩大的農地（西港、北門三寮灣），擇地當然不是誰可以決定的，若不是行之有年的地方，就由神明降乩指示。

王船地由於焚燒大量的金紙，又遭無數善信的踐踏，不僅必須停耕，事後的整理也相當費事，但民間卻相信有幸被選到的地方，正示王爺垂憐之所，此後必將福喜雙至，因而人人也都樂於提供給王船使用。

●堆滿了各種金紙的王船地。

請神登船

王船抵達王船地之後，須依照王爺的指示，船首按出行的方位擺置妥當，一旁的善信們則開始幫忙堆積如小山般的金紙往船身集中，只見在場每個人或拋或丟，或以接力傳遞的方式搬堆金紙，忙得不亦樂乎，直到所有添儎的金紙都搬置完畢，眾人才退出前場，在外圍圍觀等待。

東港系統的王船祭，則在最後一刻請神登船並宴王，西港系統則於王船出行前請神登船，所請的神祇包括：護衛醮場的四大元帥、山神土地以及大千歲、二千歲、三千歲、媽祖、中軍爺、廠官爺、總趕公等諸神登船，只見一旁鑼鼓齊鳴，宋江陣或其他陣頭也擺起陣勢，並兼任護衛之責，接著王船人員兩人一組，一人在前持涼傘，一人在後手捧神像，亦步亦趨地登上王船，並按職務大小登坐，然後由道士在艙前向瘟王請示告解，說明此行目的，請神登船活動乃告一段落。

●小琉球王船祭的請神登船。

升帆

瘟王坐鎮於王船上，一切都準備妥當，出行前得先升起順風帆，張滿風準備吉時開航。

王船升帆，並沒有儀式性，只見船上人員依照道士的指示，分別升起中、頭、尾桅的順風帆，過程不到幾分鐘就結束，完後還要將阿班（負責掌帆的紙像）安置在帆纜上，有些地方還在帆上張貼「順風和瘟符」，以祈求此行一路順風，除瘟祛疫。

船帆升起定位之後，送王船所有的準備工作也告一段落，所有的工作人員都要下船離開，僅餘道士及主祭者在船上做最後的巡視，等待王爺指示出行的時間到來，引火恭送王船遊天河。

●工作人員爬上桅，以助順利升帆。

●送王船之前，趕緊脫下衣服表示辭職。

辭職叩別

澎湖地區的王船祭典，在王船送至王船地，正式送王之前，所有擔任迎王職務之人，必得先向王爺辭職叩別，並將職務移交給紙紮神像，俗信若不在此時趕緊辭職移交，就會被王爺一起帶去永遠為差，因而擔任神職者，莫不忙著卸服謝職。

王船在王船地安置妥當後，道士會令所有神職人員分別到王船前叩拜辭別，包括總理、副理、委員、水手、四行八班、報馬仔、各轎班、旗班、鑼鼓隊、童乩……及其他所有替王爺服務的人，他們叩別之後，立刻脫去所有衣飾、服帽，放在王船邊讓王船一併帶走，並到海邊取水洗臉，以示還回平民面目。

服務人員辭職叩別之後，爐主，道士及鄉老們並在案前，向王爺敬酒餞別，祝福王爺一帆風順，接著便可行送王之儀。

引火（自動發火）

燒王船最後的高潮，是在一切就緒之後的，等待吉時的引火出行。

王船引火，象徵開船遊天河，雖然沒有特別的儀式，卻是整個王船祭追求的目的，人人都希望王船此去能帶走災禍與不祥，留下平安與福份，主持祭典的人員大多會要求善男信女跪在地上為王船送行，事實上，除了外地前來的觀光客，信仰圈內的善信早已跪在地上，虔誠祈求王爺祛禍賜福。

引火的吉時一到，主祭的人員先在船艙中引火，然後其他的工作人員再同時在添儎的金紙四周點火燃燒，不到幾分鐘，四起的火苗便把整座王船圍在其中。

有些地方為表示王爺的「靈感」，並沒有引火啓行這過程，而謂吉時一到王船會自動發火，其實是在船艙中暗置點燃的暗八（大枝的線香），預估時間在香的某個地方放置火藥，暗八燃燒到該處，自然起火燃燒，不明就裡的信徒往往信以為真，但也曾發生估算錯誤，王船還沒送到王船地，就起火燃燒的情事，工作人員只得一路忙著救火。

●新竹送王船的引火，乾脆潑汽油以助燃。

▲三寮灣的送王船，四周引燃金紙，煞是好看。

◀船上冒出濃煙，王船要開始引燃了。

搶鯉魚

王船引燃之後，炙烈的火光很快地就把王船燒得整體通紅，這時常會有豬和雞逃下船來，這兩牲畜也是添儎物之一，豬要傳種，雞負責報更，只是火一燒，這些活生生的動物拚命逃生，結果一下船就落入圍觀羣眾的手中，豬被丟回船上跟王爺作伴，雞卻成了戰利品，誰搶到誰就帶回家。

除了搶活雞，西港系統的王船祭，更有搶鯉魚的習俗。鯉魚一向被視為吉祥、富貴的表徵，在曾文溪流域早已成為善信心中的信仰圖騰，王船的頭桅和中桅，都掛有鯉魚當風向儀，王船焚燒到一定程度時，船上的桅會依序倒下，粗壯而高大的中桅大約要兩、三個鐘頭才會倒下，善信們卻一直苦守在王船四周，目的就是等待中桅倒下的那一剎那，湧上前去搶得桅頂的鯉魚。

中桅的長度往往都跟火堆半徑一樣大，倒下的鯉魚就在火焰之旁，眾人卻不顧危險，拚命搶成一團，結果有的搶到頭，有的搶到尾，每個人卻還是興高采烈，因為他們相信把王船上的鯉魚搶回家裡，可以保平安又添財。

搶完鯉魚，王船祭典便完全結束了。

●中桅開始傾斜，善信們緊張地等待搶鯉魚。

遊地河

王船自古以來便被視為瘟疫的產物，王船所到之處，必將帶來惡疫與不祥，人們除敬備各種牲禮祭祀，舉行各種科儀祈求消災解厄，更必須將王船送出本境，以求永絕後患。

王船既然為船，乃是水上航行之物，最初的王船，大多也為海上漂流而來，人們建醮祭祀之後，才把祂送回海中，任由漂流到他處，謂之遊地河，王瑛曾《重修鳳山縣志》載：「台俗尚王醮，三年一舉；取送瘟之義也。……或二日夜，三日夜不等，總以末日盛設筵席演劇，名曰『請王』，既畢，將王置船上，凡百食物器用財寶，無一不見，送船入水，順流揚帆以去。」。

王船順水流走，本庄雖然可以免除瘟疫的侵擾，然而「或泊其岸，則其鄉多厲，必更禳之。」造成其他地方的不寧不淨，費神破財，因而此俗在清中葉以降漸絕，紛紛改以火化的方式送王船。

一九九一年八月底，台北市大同區的一座神壇三王府，為示與眾不同，主辦一科五朝圓醮王船下水巡狩活動，將王船放諸水流，為近百年來僅見的遊地河。

●停泊在基隆河上的三府王船。

▶航行在淡水河中的王船。

▼出了淡水之後，這艘遊地河的王船不知所終。

遊天河

王船放遊地河，任水漂流，雖謂可帶走本庄之災禍厄運，然王船所抵之境，「則其鄉必為厲，須建醮禳之。」，「每一醮動費數百金，省亦近百焉。雖窮鄉僻壤，莫敢恡者。」（王瑛曾《重修鳳山縣志》）。

遊地河式的王船祭典，其實並沒有把疫災之神逐走，只是把牠們從甲庄趕到乙庄，乙庄再趕到丙庄，非但勞民傷財，人民的耽憂煩惱依舊不絕，因而才發展出利人利己的遊天河，陳文達修《台灣縣志》載：「十餘年以前，船皆製造，風蓬、桅、舵必備。醮畢，送至大海，然後駕小船回來。近年易木以竹，用紙製造，物用皆同。醮畢，抬至水涯焚焉。」。

所謂遊天河，其實是將王船放火焚燒，送神昇天之意。這些瘟疫之神送回天庭之後，就不會侵擾其他村庄，不僅可以免除村庄輪流被侵擾之苦，人民的心理壓力也可以解除，約在清中葉，此俗開始出現，很快地各地紛紛以遊天河取代傳統的遊地河，至今台地的送王船，也幾乎全部採用此俗。

●東港王船遊天河的情景。

▲台南喜樹朝天宮的王船，海邊遊天河的壯觀場面。
◀小琉球的王船，在黑夜中遊天河。

5／法場設施

法場

相對於道場的法場，基本上的構成要義是由法師主持，僅限於主持法事的地方，但由於民間觀念的混淆，許多人將道士和法師混為一談，此外，許多道士為圖生存，也兼及法場工作，致使道法的距離愈近而至難以分辨。

大體而言，法場乃為舉行「歹事」的地方，如超渡、問事、打城、催關、申寃、訴願、驅小鬼、趕寃魂……都屬法場的業務，由於此類事務大多涉及人的恩怨或私人秘密，大多在極隱密的情況下舉行，無關緊要的外人甚少有機會見到。

法場除了進行的法事有所不同，法師的服制以及所使用的器具，也和道場截然不同。現場大多不佈置或佈置簡陋，燈火幽暗，色彩寒冷……，和其他民間祭典的溫暖熱鬧，有天壤之別。

●法場乃行超渡、問事之所。

●法場中的祖靈芻像。

芻像

道場中為了供奉許多臨時請來的神，大都是紙紮而成的神像，法場中也有許多紙紮之像，稱作芻像。

法場中的芻像，大多為亡靈之像，供置於祭壇上以方便祭拜，若是超渡法會時，主辦時常會準備許許多多的祖先芻像，以方便使用，有需要的人們，只要繳交一定數目的金錢，主辦單位便會在某一芻像上書祖先名字，以象徵祖靈，接受法師的超渡。

源自於「東茅為人馬，謂之靈者……（《禮記》〈檀弓下〉）觀念的芻像，原應用草紮成，現今全都用紙糊，除金童、玉女外，全都為坐像，每個高約二十公分左右，一律清裝扮相，男女多以服制的顏色分之，整個壇中數千芻像坐在一起，實有一番憾人之氣氛。

枉生和壽生

法場祭祀的對象，除了為禍作祟的孤魂野鬼，也常擴及歷代枉生及壽生。

枉生和壽生實為陰間的說法，陽間對非壽終正寢，甚至不是高壽而亡者，都稱為枉死，或為枉鬼，乃指冤枉而死，對高壽過世，或活到五、六十歲以後，不是遭致惡疾或意外而逝者，則稱壽終正寢。死亡對於人來說，雖是最為害怕之事，但在輪迴的觀念中，卻也認為是另一種新生，在陰曹地府中，對於死亡之人，都視為一種新生，枉生和壽生之稱，也就因此而來。

有些法場中，會設一香案，專祀「歷代男女枉生壽生之靈位」。

▼法場中的寃親債主靈位。

天門鬼路

法場由於作用和道場天差地別，所有的佈置也大不相同。大體而言，法場氣氛較陰，且時常可見到和鬼有關的東西，天門鬼路便是一例。

天門和鬼路，其實是兩條截然不同的路——兩路就佈置在法場兩側，左天門右鬼路，形式簡單，大多用綠紙糊成，上書毛筆而成，所指示的卻是兩個完全不一樣的結果。

高掛在法場中的天門鬼路，主要有兩大功能：一是警告活人，如果不修善以祈入天門，便只得入鬼路；二是告誡眾鬼們，這世界同樣為他們留下兩條路，若願誠心臣服，接受超渡，必可走入天門，如果堅抗不從，便毫無選擇地只剩鬼路可走。

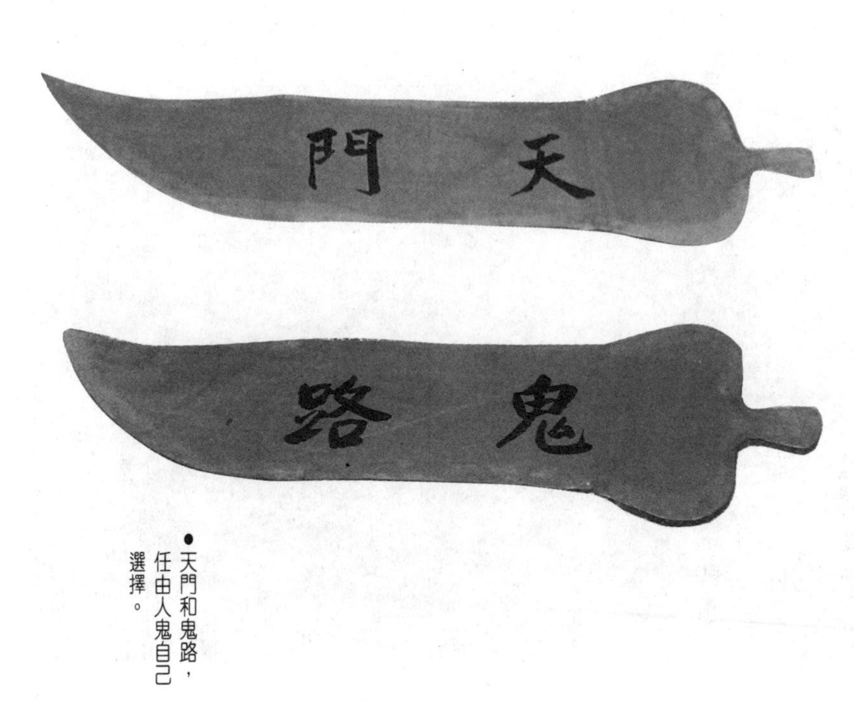

●天門和鬼路，任由人鬼自己選擇。

四生

法場的佈置中，常可見到四生圖像。四生乃指胎生、卵生、濕生、化生四種生命之源，原為道家的觀念，今都被借用到民間信仰的場合，借以勸誡人類，人為萬物之靈，實應孝順父母，友愛兄弟，親善友人……。

四生中的胎生，指母體懷胎而生的生命，人及畜獸都屬此類，為世間最高等的生命，「萬物以形相生，故九竅者胎生，八竅者卵生。」（《莊子》〈知北遊〉）；卵生則是卵殼內形成體的生命，禽鳥類都為卵生動物；濕生指依水類濕氣而受形，借濕潤而生的生命，水中的魚、蝦、蟹、貝……都屬濕生的生命；至於化生，道家的解釋是「無所依托，由無而化有者曰化生。」（李叔還《道教大辭典》），化生的動物，則是那些惹人厭的蠅、蚊、蟲、蚋等類。

●法場中所見的四生圖像。

六道

法場常見的另一擺設，為六道圖像。六道的觀念來自於眾生輪迴之說，所指為天道、神道、人道、地獄道、餓鬼道以及畜生（禽獸）道等。

自古以來，「善惡有報」的觀念一直深植在人們的心目中，且因果報應並不僅限今生今世而已，後世來生依舊會遭到報應，六道正是警告世間人，今生種了那些因，來世必結什麼樣的果。行大善之人，可能昇天化羽成為神明，行為處世不昧良心者，來世還有機會再重新做人，如果欺世盜名，偷竊行搶者，可能淪入地獄受苦或受盡挨餓，至於無惡不做之歹徒，只有轉世為禽為獸，遭人烹殺煮食。

含有濃厚勸人為善目的的六道圖像，可惜在現今功利且短視的社會中，所能發揮的作用已經太少太少了。

●民間善書所刊的六道輪迴圖。

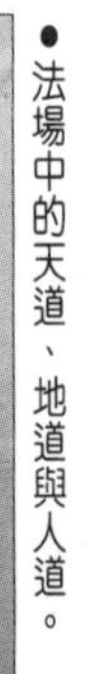
●法場中的天道、地道與人道。

靈厝

靈厝最常用於喪葬場合中，法場常行超渡科儀，規模較大者，也常設有靈厝，供鬼靈們居住。

民間紙紮祭祀物品中，規模最大，製作也最精巧細緻的靈厝，一般都依傳統的房屋製成，可依民間的需要，製成單間式，三合院式、四合院式，甚至是三進、五進式。高僅三、四十公分的靈厝，用途是供鬼靈居住，喪祭時一併焚化，象徵讓先人一併帶走。

法場中的靈厝，無論是設計和裝飾都較為簡陋，形式上大多是單間式，主要的功用是接待孤魂野鬼，其意義近似於道場中的同歸所或寒林所。

▼台南名藝師吳宇展手糊的靈厝。

金童玉女與白馬

規模較大或目的特殊的法場，常常也會出現一些紙紮的建築物以及山神、土地，甚至四騎、大士爺等神祇，然而，最特殊的當屬金童、玉女或者是善才、龍女，動物則以白馬居多，偶而也可見到白鶴。

金童、玉女向來就是生命禮俗中，亡靈最主要的守護者兼佣人，法場的靈台前也常見這兩尊臉色發白，卻貼有兩紅董的紙像。觀世音菩薩駕前的善才、龍女，借用到法場中，主要的功能仍是護駕之用。

以真馬形態製作而成的白馬，乃借自三藏取經乘坐的白馬而來，希望立在法場中的白馬，能夠一一將所有亡靈載運至西天；白鶴則來自駕鶴西歸的觀念，在客家地區的法場中較為常見。

●法場中的善才與龍女。

●供婦女們生產的產房，僅在法場可見。

產房

過去醫藥不發達的時代，不少婦女都因難產而意外死亡，這點反映在民間信仰上，除有血轆可牽引她們脫離血池地獄，福州派的祭壇中，更特別設有產房，供難產的婦女們順利的生孩子。

普通祭場中並不常見的產房，有紙紮和木板圍成等不同的方式，門簷或門楣上寫有產房兩字，平常門簷深垂，房內擺有臉盆，清（熱）水、毛巾、肥皂以及一紙糊的床，前幾項都為替初生的麟兒洗浴用的，床則供產婦生產之用，此外，大多還有一紙糊成的產婆（助產士），希望能夠借助她的力量，幫助產婦順利生產。

產房的設置，在民間信仰中雖不普遍，它的存在卻為農業社會中，人民生活的舊貌，留下了最好的見證。

蓮花台

蓮花台又稱蓮花座，為仿似觀世音菩薩所乘之蓮座而來，乃是希望借以助亡逝之人，得以直抵西方極樂世界。

大多用金紙或往生神咒，甚至是色紙摺成的蓮花台，圓型，二或三層，狀似蓮花，直徑約二十公分，分平底及尖底兩種，平底可供平置於桌面就懸掛在空中，且一個個相連成串。尖底則為插置用，底部裝有木頭或鐵線，可插在祭台或其他地方，兩者形式稍有不同，目的則完全一樣。

法場中最常見到蓮花台，一串串蓮花台懸掛於祭壇四周，憑添了幾分幽陰的氣氛，而人們最終的期待，莫過於些精巧美麗，狀似蓮花的紙紮法器，能將亡靈以至於所有停滯在人世間的孤魂野鬼，都能借助蓮座之力，同登西方極樂世界，不會危害民間。

●懸掛在林木間的蓮花台。

論功行罰府

法場大多為亡靈而設的祭壇，因果報應的觀念中，基本上的原則是把人一生的功過，於死亡之後，於十殿閻王前一次清算，有功則賞，有罪則罰。

大規模的法場，也有類似的賞罰之處，名稱各不相同，大體不脫論功行罰府之類的稱呼，主要的功能當然是清算亡者生前的功過禍福，除此外，更重要的意義是為亡靈及活人談經論道，以因果報應的觀念，勸戒陰陽兩界之人，趕緊去惡從善，以免受到報應。

論功行賞府佈置相當簡單，設有主桌供地藏王講道，旁置有兩排桌椅，牆壁或其他地方，則佈置有十殿閻王畫像。

▼論功行罰府，供人鬼談經論道。

●陰狀元府中的設備相當簡單。

陰狀元府

規模龐大的道場中，設有狀元府，以安置四處前來行乞的乞丐們，法場中為顯示周到，也會出現狀元府，但接待的對象僅限亡逝的鬼靈，因而稱陰狀元府。

陰狀元府供養的乞丐們，都為鬼魂，許多東西乃採象徵性的，不必像道場的狀元府，樣樣都必須準備供生人使用。陰狀元府大多設在一小屋中，或用紙紮而成，府內須設香案，供奉「歷代各類男女狀元之靈位」，府中的設置相當簡陋，最顯眼地莫過於紮成一捲捲的草蓆和布包包，以供歷代狀元們自由取用，離時還可自行攜帶一份離開。

飲食方面的供應，也僅早、午、晚三餐按時供祀而已，此外並無其他開銷，可謂是最經濟的狀元府。

登雲路、昇天橋

舉行超渡法事的法場中，為了順利法事的進行，會設有一些超渡登仙的設施，登雲路與昇天橋正是其中的一例。

登雲路與昇天橋，實為一體兩面之物，簡稱為登雲橋。造形仿似民間信仰中解厄的七星橋，入口處上書登雲路，出口則曰昇天橋，主要的功能是超渡先人靈魂，化羽登仙。

過橋超渡的儀式，都在內場的渡亡法事結束後，由僧人或法師多人在前引導，有人持法鈴搖鼓，有人持字牌，家屬們則緊跟在後，一手持香，一手捧著先人神位或祖靈芻像，魚貫過路登橋，謂可將祖先靈魂帶離開地獄，及早登抵西方極樂世界。

●過了登雲路，就是昇天橋。

亡靈船

規模較大或祭典特殊的渡亡法事，可見到特殊載運亡魂的船隻，謂之亡靈船。

集體性的大規模超亡活動，為了方便參與的人士祭拜，會設有許多紙糊的芻像上書先人姓名，法事期間，這些芻像就供在祭壇中，節目進入尾聲時，必須將祂們火化以示化羽登仙，亡靈船正是載運這些亡靈的法器。

大多也都竹紮紙糊的亡靈船，船上設備也仿似真船，艙、舵、槳、帆一應俱全，還配有許多水手、船伕，並由觀世音菩薩坐鎮，一方面保護，同時也象徵慈悲。送船之前才讓家屬們將芻像放入船中，法師再視當日大利（吉祥）方向，敲鑼打鼓護送著，眾人將船扛抬出庄（或到某特定的地點），定位後誦經禱祝一番，由主事者或法師引火將船及亡靈一併送上西方極樂世界。

●亡靈船乃是超渡亡靈的法器。

法舟

帶有濃厚神祕色彩的一貫道，所行的渡亡法事，許多儀式都跟民間信仰的法事近似，但也有不少凸顯該教特殊色彩的產物，送祭亡靈的法舟便是典型一例。

主要的功能也是載送亡靈的一貫道法舟，因執意「宣揚法旨，超亡渡魂」而名。船的主要結構大多是用竹紮紙糊而成，船上設備完善，供奉有大士爺或觀世音菩薩護船。最特殊的是船身為粉紅色，船首還繪有船目，每船必定有船名。

法舟雖也是亡靈船的一種，因兼弘法宣道，勸戒陰陽之責，再加上一貫道的神秘色彩，使得送法舟活動，更令人好奇。

▼一貫道所送的法舟，造型相當特殊。

●九九歸元大法會中的四生六道船。

四生六道船

法場中常見的法舟，除常見供亡靈乘坐的各種名稱法船，更有一些名稱特異，或者用途不同的船。

一九九二年重陽節，苗栗通宵海邊曾舉行一科「九九歸元大法會」，長遠三十六天的法事中，目的乃送四生六道及孤苦亡靈到廈門普陀山、太原龍城北武當、崑崙玉虛峯等地歸脈回宗，所據何來外人不得而知，但在法會中所造的四艘四生六道靈法船，相當令人注目。

四生六道靈法船，主要供四生六道及一切有情生靈同登，船的造形和民間常見的王船、法舟仿漁船樣貌的式樣完全不同，而是綜合舊式歐洲帆船與現代遊艇的形式造成，船上也無民俗式樣的裝設及安置主神的廳所，僅在船身上書「四生六道靈法船」而已，其創新的式樣，已成一特例。

二十三劃

變化　38
變食　178

二十四畫

靈台　277
靈厝　276
靈媒　18
鹽　219, 241, 244, 246
《靈寶本元經》　92
《靈寶領教濟度金書》　126

二十五畫

廳所　285
觀世音菩薩　74, 125, 277, 279, 283, 284
觀音　74
觀音大士像　123
觀音佛祖　125, 150
觀音像　72
觀音壇　72, 74, 103

二十六畫

讚會首　103

二十七畫

鑼鼓陣頭　209
鑼鼓隊　258
鑼鼓齊鳴　256
鑼鼓聲　177

醮祭法會　75, 97, 114, 119, 139, 165, 167
醮祭科儀　91, 142, 145
醮場　17, 60, 86, 89, 96, 106, 107, 110, 113, 118, 138, 143, 146, 147, 158, 164, 192, 256
醮場祭儀　142
醮期　49, 50, 53, 55, 57, 62, 65, 68, 150, 157, 206, 207, 229
醮境　159
醮旗　17, 78, 85
醮壇　70, 72, 74, 114, 144, 145, 150, 154, 157
鏡子　100, 101, 134, 192
關口　165
關帝君　94
關帝廟　49
關鬼門　196
關牒　115
麒麟　138
麒麟牌　18

二十畫

寶艀　209
懺文　112
懺法　38
懺童　105, 112
爐主　145, 168, 173, 177, 258
獻帛化財　170
獻祭　114
獻祭品　128
獻敬　151, 157
獻禮　238
蘇厝　252, 255
蘇厝醮　50
釋教教主　95
釋奠大典　17
鐘鼓樓　17

二十一畫

攝魔　38
蠟燭　170
鐵　207
鐵釘　196, 207
驅小鬼　268
驅邪　17, 18, 38, 100
驅逐邪穢　174

二十二畫

灑孤淨筵　193
灑淨　40
禳回祿　57
禳災　38, 114
禳災祈安　52
禳解　63
禳禍　98
禳醮　56
鑑醮　68, 76, 86, 147, 169, 206, 207
鑑醮神　86
鑑醮壇　86

十八畫

擲筊　205, 223, 230, 231
檳榔　238
歸禮　178
禮斗　41, 98, 102
禮斗法會　42, 55, 97, 98, 152
禮斗植(祈)福　39, 41, 97
禮拜　144, 145
禮懺　105
繞境　15, 16, 53, 171
轉輪神　94
醬　210, 219, 241, 246
鎮邪　240
鎮邪祈安　78
鎮殿神　16
鎮壇符　138
雙生陣　18
雙鐧　160
雜耍小戲　10
雞籠中元祭　54
鞭炮　210
鯉魚　261
鯉魚穴　206
鯉魚旗　206, 207
鯊魚劍　17

十九畫

懷恩堂　64
爆竹　177
獸面銅鏡　212
禱祝　150
羅士友　232
羅天　49
羅天大醮　17, 49
藝陣　10, 18
藝閣　10, 18
譚起　232
轎班　231, 252, 258
轎籤　231
辭職叩別　258
醮　44, 52, 53, 65, 69
醮局　68, 74, 89, 90, 91, 96, 123, 139, 151, 157, 194, 196
醮尾　52
醮事　15, 145, 151, 158
醮典　14, 17, 44, 45, 47, 49, 50, 53, 54, 60, 63, 65, 68, 69, 74, 75, 76, 78, 84, 86, 90, 91, 98, 111, 113, 147, 152, 154, 156, 159, 162, 168, 177, 195, 196, 198, 222
醮科　45, 47, 49, 52, 53, 58, 68, 86, 147, 223, 228, 232
醮科表　142
醮祭　38, 44, 49, 50, 52, 56, 58, 64, 65, 69, 70, 72, 74, 76, 82, 88, 89, 91, 92, 98, 103, 110, 112, 115, 116, 117, 118, 12, 125, 127, 131, 134, 135, 139, 143, 146, 152, 154, 156, 160, 164, 168, 169, 170, 175, 193, 216
醮祭地區　215

龍陣　18
龍牌　90
龜卦　18
《噶瑪蘭廳志》　179

十七畫

㘚海　18
壓火止煞　57
壓火煞　17
賽豬公　16
幫舵　205
戲台　220
戲曲　18
擊鼓　246
檀柴　90
檀粉　90
濟安宮　174
濕生　272
燭　97
糟　246
總斗　98
總斗燈　41, 143
總書辦　229
總理　258
總管　246, 247
總趕公　210, 216, 226, 247, 256
總趕所　220, 225, 226
總趕爺　226
總舖　246
總舖艙　200
總壇　74
臉盆　90, 133, 192, 278
艕　209, 210
蟑螂　184
薛千歲　232
薛溫　232
謎語　11
謝神酬恩　52
謝師聖　110
謝燈篙　17, 196
謝壇　144, 145, 195
謝壇送神　194, 195
趨吉　82
避凶　82
還願　175
錨　204, 211, 213, 218
隱遁　38
鮮花　168, 181, 195
點心籠　90
點瓜　174
點兵將　17, 246
點卯掛牌　237
點尾　174
點身　174
點香燒金　143
點添儎　244, 251
點眼　174
點船班　246
點頭　174
點鬢　174
齋戒　42, 75, 91, 149, 152
齋素　149
齋醮　38

鴉（押）班　246
《澎湖廳志》　198
《諸羅縣志》　54

十六畫

儒教教主　95
歷代祖師　89
壇主　68, 70, 150
壇主安座　150
壇外　169
樹林　174
燒王船　215, 248, 259
燒金　207, 218
燒金鳴炮　196
燎所　115
燈座　105
燈幟　76
燈篙　17, 75, 76, 80, 82, 84, 85, 133, 137, 154, 169, 177, 196
燈篙神　196
燃放蓮燈　17, 162
錟口　178
盥洗　133
盧德　232
糖　210, 246
糖果　90, 186
糕　238
糕餅　193
縣城隍　94
翰林所　129
翰林院　129
螣蛇　118
艙　283
艙口　205
蕉　210
蕉公奴　113
螞蟻　184
褲子　128
諭文　235
謁祖　206, 207
賭具　189
賭博　182
醒獅團　18
錢　82, 97, 186, 210
錢幣　170
錠　244
隨香燈　16
險關　57
頭二艙　200
頭尾桌　187
頭家　145, 173
頭桅　257, 261
頭箱　200
頭錠　246
龍女　125, 277
龍王護國旺興漁業祈安植福醮會　60
龍目　202, 212
龍角　17, 18
龍虎門　17
龍骨　209, 211
龍城　285
龍班　234

慶成祈安醮　86
慶成醮　17, 47, 56, 58, 111, 118, 155, 174
廚房　88, 91, 138, 151, 154
摩訶糕　180
廠官爺　208, 210, 216, 226, 256
槳　202, 283, 211
樂師　69
澎湖　50, 203, 205, 218, 219, 231, 255, 258
澎湖地區　201
潤餅　16
瘟王　198, 200, 218, 222, 223, 231, 232, 233, 234, 235, 236, 238, 241, 242, 247, 251, 256, 257
瘟王令　222, 236, 237
瘟王醮　50, 62
瘟疫　62
瘟疫之神　264
瘟神　50, 62, 222, 243, 248, 250
瘟神信仰　198
稻穀　207
稽首　144, 145
線香　15, 187, 233, 259
蓮花台　279
蓮花座　279
蓮座　279
蓮燈　162
蔣叔輿　126
蝴蝶旗　203
褒忠亭　17, 117
褒忠義民爺　117
請王　198, 229, 231, 232, 233, 262
請王諭告　235
請神　216
請神登船　256
請艕　209, 210, 211, 213, 215
談經　164, 280
論功行罰府　280
論道　280
調五營　17, 19
調營　17
豎符　17
豎燈篙　17, 53, 75, 84, 125
豬圈　201
趣味陣頭　18
輪迴　270, 274
輪機長　205
鄭元和　139
鄭元喜　113
遷船　248
遷船繞境　17, 198, 218, 239, 240, 248, 254
醋　219, 241, 244, 246
銼　210
餅料　90
餅乾　186, 219
餓鬼道　274
駕鶴西歸　277
鬧棚　146
鬧廳　146
魅魔　160

監齋　69
監齋使者　91
碧遊天宮　92
碧蓮花　135
福州派　278
福份　86, 149
福佬信仰　15
福佬話　119, 129
福金　90
福祿首　173
福德　74
福德正神　74, 150
福德壇　72, 74, 103
福醮　49
算命師　18
粿糕　218
粿類　210
綜合壇　74
蒞任大告示　235
蒼蠅　184
說法　164
說書　10
誦經　40, 54, 75, 105, 150, 154, 155
誦經祈福　53, 154
誦經消災　59
誦經禮懺　39, 41
誦經禱祝　283
趙元帥　94, 106
趙玉　232
趙康元帥　95
趕水鬼　17
趕冤魂　268
銀　207
銀山　127, 128, 194
銀紙　82, 127, 254
銀箔　82
銅板　152
銅棍　17
銅錢　212
領文　221, 236
領令　237
魁星　95
鳳凰　138
《嘉義管內采訪册》　123
《夢梁錄》　54

十五畫

儀仗　121, 213
儀式　15, 113, 144, 202, 212, 238
劍　100
劍門　18
劍獅　18
劉枝萬　15, 55
噍吧哖事件　64
增添壽齡　154
幡引　122
幡頭　75, 78, 85, 121
廟埕　216
廟神　15
慶安宮　206, 207, 222
慶成　57
慶成安龍　174
慶成祈安清醮　47

243, 244, 246
道家　38, 272
道袍　160
道教　38, 39, 54, 92, 97, 115, 118, 142, 145, 149, 152
道教教主　95
道場　38, 39, 40, 41, 44, 72, 74, 105, 109, 115, 117, 121, 122, 123, 125, 134, 135, 138, 142, 143, 145, 154, 156, 159, 268, 269, 271, 276, 281
道境　96
道壇　138, 248
道藏　126
酬神　175
酬神戲　18
鉚　18
電子琴花車　18
電母　63, 94, 107, 147
雷公　63, 94, 107, 147
雷公醮　63
雷震子　94
頓炮　90
鳳梨花　207
鼓吹隊　235
鼓樂　210
鼓樂齊奏　236, 143, 147
〈禁軍兵營伍班役規條〉　227, 235
《瑜珈談口施食要集》　178
《道教大辭典》　96, 119

十四畫

僧人　44, 75, 113, 114, 122, 152, 162, 170, 178, 186, 282
僧道　54
鳴金擊玉　158
鳴炮　207
鳴鑼　246
嘉義　255
境主公　104
壽生　270
壽金　16, 90
壽桃　180
壽終正寢　270
壽誕　53, 146
壽麵　180
敲鑼打鼓　283
旗山　12
旗班　258
旗牌官　222, 223, 229, 236, 237
旗牌繳令　237
旗幡　76
榜文　168
榜示　68
歌仔戲　18
滿州　12
滿漢大餐　242
漱口杯　133, 192
演淨　178
漁醮　60
犒軍　143
瑤池金母　95

經衣　16
經衣山　17, 127, 128
經衣錢　128
經法　38
經書　112
經桌　105, 164
經童　105, 112
經懺　112, 170, 178
義民節　171
聖人龕　200
聖火　143
聖筊　231
落地府　17
萬法宗師　138
葛將軍　94
葷菜　242
韮菜　207
蛾蝶　184
蜈蚣　84
蜈蚣閣　18
蜈蚣旗　84, 203
蜈蚣頭　84
衙門　220, 221, 227, 229
衙棍　234
解水厄　56
解厄　17, 41, 57, 262, 282
解結赦罪　17, 152
解開寃結　152
解運　18, 114, 230
解罪　152
解瘟　243, 257
解纜　239
路關　16
跳鼓陣　18
跳鍾馗　180
辟邪　84, 97, 212, 254
辟邪物　15, 97
辟煞　100
遊天河　17, 198, 203, 225, 257, 259, 264
遊地河　17, 262, 264
遊魂　64
過火　18
過釘橋　18
過橋超渡　282
道士　18, 39, 42, 44, 53, 56, 57, 68, 69, 70, 75, 86, 88, 89, 96, 105, 110, 112, 113, 114, 121, 122, 126, 138, 142, 143, 144, 149, 150, 152, 154, 156, 157, 158, 159, 160, 162, 164, 165, 167, 168, 170, 174, 175, 178, 186, 193, 194, 195, 196, 210, 212, 231, 233, 239, 244, 248, 251, 252, 256, 257, 258, 268, 283
道士房　88, 89, 138, 154
道士奏表　158
道士團　68, 69, 70, 88
道士壇　89, 95
道法之術　38
道法術士　38
道長　69, 145, 147, 158, 160, 175,

黃紙　90
黃得時　15
黃榜　168
黃箱　90
黃蓮花　135
黑布　90
黑紙　90
黑紗線　152
黑傘　175
黑線　90
《無上黃籙大齋立成儀》　126
《朝天大懺》　158
《開啓玄科》　159
《雲笈七懺》　49

十三畫

亂彈戲　18
傳達　236
催關　268
催關渡限　165
圓仔　196
圓醮　17, 52
圓鏡　97
塔壇設醮　59
壁腳佛　18
媽祖　200, 226, 256
媽祖船　199
媽祖樓　200
媽祖壇　72
廈門　285
換果　150
搶孤　16
搶鯉魚　261
搖鼓　282
敬酒　242
新香爐　90
新埔　171
新船下水　216
新莊　101
新劇　10
暗八　259
暖壽　53
會首　229, 231
楚千歲　232
滅火符　138
煙　193, 238, 241
照本宣科　142
照妖鏡　100
照壁　18
牒呈　104
牒表　68, 230
獅陣　18
禁咒　38
禁班役假公行私恃勢欺人短論　235
禁屠　91
禁排賭販搶短論　235
禁壇　160
禁壇斬魅魔　160
禁鬭道短論　235
禽畜魚介　184
稟事　221, 236, 237
稟事牌　237
筵桌　242

登壇　150
發文掛榜　168
發表　56, 104, 143, 147
發表啓請　17, 147, 149, 150
發粿　180, 196, 207
發壇前掛　169
皓靈啓道童子　135
盛讚中元旗　187
睏釘床　18
童乩　15, 17, 209, 258
童乩巫覡　38
筆　167
結綵　179
結壇　88
朝天覲　155
朝見玉帝　175
朝官帶騎　90
朝覲三清　104, 155
菜　210, 244
菩薩　178
華光　94
喪祭　146, 276
喪葬　276
註生娘娘　94
訴願　268
買命錢　16
買路錢　17, 254
超渡　64, 179, 268, 269, 271, 282
超渡法事　282
超渡法會　64, 269
超渡科儀　276
進香　15, 16, 53
進補　16
進饌　242
都城隍　94
開三鞭　219
開水路　17, 239, 252
開水路送船　56
開印　235
開印短論　235
開光　58, 143
開光醮　58
開光點眼　58, 147, 150, 210, 211, 212, 215, 231
開香　144, 145
開啓玄科淨法　159
開啓禮聖　159, 160
開基神　16
開喉　178
開普　177
開葷　89, 149
開路鼓　16
開道　135
開筵　242
開廟奠基　111
開燈　143
開燈引鼓　143
開懺　178
陽竿　78, 80, 82
陽間　94, 270
雲馬　115
雲廚妙供　156, 157
順風和瘟符　257
順風帆　257

善才　125, 277
喜樹醮　50
喬大士　126
報更　215, 261
報馬仔　258
報應　274
奠安廟基　174
寒林　117
寒林所　17, 127, 129, 131, 132, 133, 194
寒熱大王　243
悲懺　178
惡鬼　191
插香　187
插旗　187
提秤　152
普天　49
普陀山　285
普陀岩　125
普施　53, 64, 122, 178, 193
普施孤魂　174
普施法會　17, 122, 126, 135, 178, 186
普渡　16, 54, 72, 75, 103, 104, 106, 113, 114, 125, 126, 127, 129, 131, 134, 156, 168, 169, 170, 171, 173, 175, 177, 181, 182, 184, 187, 189, 193, 194, 196
普渡台　179
普渡施食　169
普渡祭典　75, 182
普渡盛會　179
普渡場　72, 76, 117, 126, 131, 179, 180, 187, 189, 191, 192, 193
普渡醮　54
普照陰光　80
晚堂　234, 237
晚朝　155
曾文溪流域　261
溫元帥　94, 106
溫王爺　221
溫府千歲　252
渡亡法事　282, 283, 284
煮油　18
煮油清淨　75
無色界　96
焚香　145, 150, 207, 218
焚香拜榜　168
番太祖　18
番婆鬼　18
畫押　168
畫像　96
疏文　68, 104, 113, 114, 115, 230
疏牌　104, 105
登仙　282, 283
登台拜表　17, 175
登高朝聖　88
登堂　235
登雲橋　282
登雲路　282
登殿　233
登殿短諭　235

祭煞　180
祭路　17
祭儀　55, 147, 198, 230
祭壇　88, 92, 278, 279, 280, 283
祭禮　17, 41, 64, 75, 88, 150, 233, 235
祭禮儀法　39
符水　145, 150, 193
符咒　38, 86, 149, 222
符錄　86
紫花布　90
紫微　159
紫微大帝　92
紫微壇　72, 92, 94
脫衣舞　182, 189
脫身　17
船主爺　246
船伕　283
船長　205, 218
船長室　201
船桅　244
船夥　246
船艙　200
舵　211, 264, 283
舵公　246
舵公艙　200
設案　162, 231
設醮　54
造王船　211
造衙門　220
通天教主　92
通神召靈　144
通宵　285
通靈　78
逐疫　62
逐魔　100
透青竹　76, 78, 122, 250
連雅堂　42
都會首　103
都講　69
野台戲　146
問事　268
降乩　45, 68
降妖　38
降魔遮穢物　18
陪祀物　17
陰狀元府　281
陰竿　78, 80
陰曹地府　270
陰間　270
陰陽家　118
陰陽竿　78, 80
陰醮　64
陳文達　213, 264
陳淑均　179
陳夢林　54
頂四柱　102, 103, 157
頂桌　16
頂極金　16, 90
鳥卦　18

十二畫

傀儡戲　18
傀儡戲班　57

張掛榜文　53, 168, 169
彩門　104
彩船　199
彩傘　99
彩繪　211, 212, 213, 220
排炮　90
排衙　234
排壇　88
掃妖除氛　250
接香　16
接神　151
捻香　145
掛牌之儀　236
捲簾覲帝　158
望燎　115
梨　210
梳子　134, 192
桶箴　207
欲界　96
淨水缽　18, 138, 160
淨地　220
淨壇　144, 145
涼傘　16, 99, 256
清明　54
清淨五方　150
清淨海域　60
清淨符　138
清規　89
清醮　45, 47, 56, 64, 76
清靈寶天尊　92
添丁　196
添儀　208, 239, 240, 241, 256,
259
添儀物　198, 240, 241, 244, 261
牽亡　17
牽曲　18
牽船　204
現手印　178
產房　17, 278
眾兵馬　17, 215
眾兵將　215
硃筆圈　168
祭土煞　17
祭王　238
祭水船　56
祭火船　57
祭天法儀　49
祭台　279
祭祀　14, 17, 44, 55, 63, 64, 191,
238
祭祀公業　16
祭祀法會　39, 40
祭祀圈　16, 223, 240
祭典　40, 111, 115, 116, 139, 142,
175, 195, 202, 215, , 218,
231, 235, 238, 240, 268,
283
祭典科儀　53
祭品　17, 133, 173, 178, 179, 180,
186, 187, 189, 191, 192,
193, 203, 210, 216
祭送祟神　17
祭船　210, 248, 252
祭場　70, 88, 106, 133, 187, 278

除疫　222
除瘟之神　250
除瘟舞　18
除穢　160
除穢祛煞　70
除孽　17
陣頭　10, 18, 231, 256
馬元帥　94
馬面　94
馬廂　201
馬鞭　17
高元帥　106
高功　69, 75
高功道士(長)　104, 145
高台　88, 175
高甲戲　18
高拱乾　59
高雄　12
高雄市　49
高錢　78, 194
鬥牛陣　18
鬼王　123, 126, 194
鬼路　271
鬼魂　78
鬼靈　276, 281
《倉口簿》　244

十一劃

偶戲　10
停泊　218
停駕　221
兜率天宮　92
副案　229
副理　258
副船長　205
副舵公　246
副會首　103
副碇　252
副鴉班　246
副講　69
剪刀　90, 97, 100, 128
參謁　221, 236
唸咒　57, 165
啓師聖　110
啓請　104, 147
啓請眾神　147, 151
基隆　171
基隆中元祭　173
基隆市　60
基隆港　60
宿啓　65
宿朝　155
崑崙玉虛峯　285
常民文化　15, 16, 54, 198
康元帥　94, 106
康樂台　201
康趙元帥　147
麻荖　90
麻將　189
鹿耳門天后宮　49
鹿港　54
張元伯　113
張天師　74, 96, 110, 150
張全　232

神道　274
神像　74, 107, 112, 231, 233, 256
神轎　99, 221
神龕　111, 174
祝文　242
祝聖　56
祝壽儀式　53
祝燈延壽　17, 154
祛邪　75
祛疫　257
祛病　17
祛瘟　38, 198, 240, 243
祛禍　114, 259
祛魔　17
秤　97, 100
笏　18
素果　168, 193
素食　91, 238
紙王船　203, 213, 252
紙幡　85
紙紮　58, 109, 110, 111, 116, 117, 123, 127, 129, 131, 132, 137, 138, 247, 276, 277, 278, 281
紙糊神祇　118, 194
紙錢　16, 82
納福　18, 84
耿千歲　232
耿通　232
脂粉　193
胭脂花粉　192
航海之神　200
航海師　205
茶　219, 238, 241
茶葉　244
茶辦　229, 233
草蓆　90, 281
芻像　269, 283
蚊子　184
討嗣　17
討嫁　17
貢王　17
起童　231
起碇　219
起鼓　143
送王　50, 205, 206, 213, 216, 220, 231, 246, 250, 255, 258
送王船　14, 17, 210, 219, 223, 239, 250, 255, 257, 262, 264
送火王　57
送白虎　111, 174
送孤　180, 191
送神　131, 151, 195
送菜　219
送瘟　62
送瘟除疫　199
送瘟驅疫　50
送壇主　150, 151, 157
送壇主安座　17
追魂大王　243
追魂使者　126
配祀神　16
釘　186

城隍夫人　94
案公　229, 233, 236
案前　235, 258
宴王　242, 256
家神　86
家族祭　17
射五方　174
師公　15, 18
師聖　110
崁巾　212
唐將軍　94
庫錢　16
徐千歲　232
恆春　54
時饈　179
書辦　229, 233, 236
振文堂　230
振武堂　230
振鈴　178
捏指狀　186
栽花換斗　17
桃木劍　100
桃花過渡　18
桃紅紙　90
桅　203, 211, 264
桌裙　17
柴　210, 219, 241, 244, 246
柴火　241
殷郊　94
酒　193, 210, 241, 244, 246
浴室　133
海味　180
海青　155, 160
海神　59
海醮　59
消劫　38
消災　41, 57
烏鑼　18
班役　16, 202, 216, 219, 228, 246
班役規條　227
班頭　230
珠簾　104, 112,
畜生(禽獸)道　274
病厄關　165
眞庫　246
破土符　70
祖公會　16
祖師爺　89, 139
祖廟　16
祖靈　269
祖靈芻像　269, 282
神主牌　222
神印　235
神衣　17, 86
神位　117
神兵天將　162
神虎爺　126
神明會　16
神明誦經　53
神明誕醮　17, 53, 65
神明醮　40, 72
神案　207, 254
神船　199, 204
神農壇　72

142, 143, 144, 146, 147, 149, 150, 151, 152, 154, 155, 156, 157, 158, 159, 160, 162, 165, 167, 168, 171, 174, 175, 177, 194, 195, 243, 248, 262
科儀本　142
科儀桌　104, 105
秋收醮　55
秋醮　55
紅包　139
紅紙　82, 90
紅紗線　100
紅硃砂　186
紅紬　212
紅圓　207
紅榜　168
紅蓮花　135
缸　204
美濃　12
胎生　272
苗栗　285
英盤　97
表文　175
表官　113, 115
表馬　113, 115
表章　147
表疏　115
重陽節　285
降乩　255
降帆　247
降神　78, 97
降旗開普　177, 178
限橋　165
風向旗　203
風伯　94, 107
風獅爺　18
風蓬　264
飛禽走獸　184
香　238
香火　207
香公　216, 246, 247
香官典者　90
香皂　90
香客　139
香案　139, 208, 216, 270, 281
香陣　16
香煙　192, 219, 233, 238
香旗　16
香幡　121
香擔　16
香辦室　90
香辦房　88, 90, 138
香辦間　90
香燭　90
香爐　135
《度人經》　155
《昭明文選》　44
《重修鳳山縣志》　262

十劃

乘蹻　38
倒鏡　18
哪吒太子　104

68, 85, 97, 102, 106, 114, 129, 147, 149, 169, 186, 195, 198, 262, 264
建醮大典　179
建醮行道　39
建醮法會　85, 92, 123, 149, 162, 171, 187
建醮籌委會　68
後桅後帆　252
後殿　17
拜　149
拜天公　16, 91, 135
拜天闕　104
拜斗祈福　41
拜斗植福　40
拜殿　17
拜發表章　147
施法勅符　195
施放水燈　122, 162, 170
施放蓮燈　122
春秋二祭　17
春祈秋報　55
春聯　16
春醮　55
柳枝　178
柳葉　18
柳營　255
柳營醮　50
查夜　237
洪文夾讚　164
洪文寶芨　164
洪文讚經　164
洗臉水　192
炭　210
牲醴　17, 97, 179, 182, 184, 193, 203, 210, 218, 262
瘦鬼　62, 250
皇壇奏樂　143, 146, 147
皇壇寶供　156
看日師　18
看牲　182, 184, 189
看碗　182, 184, 189
祈安　57, 80, 84, 114, 155
祈安招福　164
祈安建醮　13
祈安祛禍　186
祈安清醮　17, 45, 50
祈安植福　59, 60
祈安酧神清醮　45
祈安福醮　45
祈安賜福　167
祈安慶成　56
祈安醮　49, 174
祈安禳解　62
祈雨　17
祈神　63
祈福　17, 40, 41, 53, 59, 97, 98, 114, 198
祈緣　17
祈願　175
科儀　41, 42, 44, 47, 50, 56, 57, 58, 60, 62, 64, 68, 69, 75, 86, 89, 94, 104, 105, 110, 111, 113, 114, 121, 122,

長壽香　90
長腳牌　121
長興宮　252
長錢　90
門前紙　16
阿立祖　18
阿班　205, 247, 257
阿班艙　200
阿蓮　12
雨師　94, 107
青紙　90
青蓮花　135
青龍　111, 118, 174, 175
青靈啓道童子　135
非科儀性　144
《往生咒》　149, 162, 178
《金剛般若波羅蜜多心經》　178

九劃

亭　116
保生大帝　233, 242
保壽　41
保駕方旗　16
信仰圈　16, 56, 259
信物　86
侯千歲　232
侯彪　232
前後桌　187
前桅前帆　252
勅水禁壇　17, 159, 160
勅水淨壇　160
勅符　75
南化水庫　64
南化鄉　64
南化鄉公所　64
南斗　41
南方三氣天君　95
南方神　95
南無三洲感應護法韋馱尊天菩薩　169
南極仙翁　95
南管戲　18
南鯤鯓五王祭　14
响水　18
城隍尊神　104
奎星首　101
奏鳴　210
客家　277
客家人　117
客家地區　117, 170
客家莊　116, 117
宣揚道法　39
宣揚道德　152
宣疏誦文　233
宣經安灶　151
宣讀疏文　170
封山禁水　149
封立　232
封糕　90
封艙　251
屏東　12
帥令　203
帝鐘　18
建醮　42, 45, 47, 54, 57, 62, 65,

武獻　155
泥塑　58
法刀　18
法尺　18
法印　18
法舟　284, 285
法界六道　178
法事　17, 142, 196, 268, 283, 284, 285
法師　17, 39, 114, 122, 174, 219, 268, 269, 282, 283
法船　285
法術　38, 174
法場　38, 39, 268, 269, 270, 271, 272, 274, 276, 277, 279, 280, 281, 282, 285
法會　40, 41, 58, 64, 97, 115, 125, 169, 193
法鈴　17, 282
法鼓　18
法器　15, 18, 162, 279, 283
法繩　18
油　219, 241, 244
油(燈)盞　97, 99, 100, 101
爬刀梯　18
狀元　139, 281
狀元府　139, 281
盂蘭盆會　54, 97
直叩　247
祀王　198, 238
祀天仙　56
祀神科儀　157
祀壺　18
祀旗掛燈　75
社會學　16
肥皂　133, 278
虎班　234
虎牌　121, 157
迎王　198, 219, 220, 221, 235, 240, 258
迎水燈　171
迎神　53, 146
迎燈　16
金山　127, 128, 194
金元寶　82
金古　90
金甲　107
金甲神　107
金色鯉魚　206
金紙　50, 82, 90, 113, 114, 127, 152, 165, 194, 241, 254, 255, 256, 259, 279
金紙香燭　241
金登富　244
金童　269, 277
金箔　82
金銀冥紙　16
金銀紙　127
金銀袋　16
金銀財帛　115
金錢　241
金錢劍　100
金靈聖母　95
長劍　160

孤食　76, 186
孤棚　16
孤盞　180
孤飯　131
孤魂引　122
孤魂野鬼　54, 64, 76, 78, 80, 122, 128, 131, 132, 133, 134, 135, 162, 170, 171, 173, 175, 178, 180, 186, 187, 189, 191, 193, 254, 270, 276, 279
定期醮　50, 52, 68
宗教陣頭　18
宗廟祭典　17
官將　246
官將送船歌　246
岡山　12
府城隍　94
往生神咒　279
恆春　12
拍火部　57
拍船醮　248, 250
拍檔　88
招安　84
招引幡　78
招魂布　78
招魂幡　122, 162
招靈　64
押扛　246
押煞　57, 191
押船旗　248, 250
放水燈　121, 125, 162, 168, 169, 170, 171, 173
放火龍　57
放告　221, 236
放燄口　178
放蠱　18
昆蟲　184
昇天　274
昇天橋　282
明覺眞人　243
易牙　247
林爽文事件　117
林豪　198
林靈眞　126
枉生　270
枉死　270
枉鬼　270
榜文　168, 169
果食　179
果菜運銷公司　181
東山迎佛祖　14
東方九氣天君　95
東方神　95
東西官廳　200
東港　56, 215, 221, 225, 230, 231, 232, 238, 239, 242, 248, 252, 255, 256
東隆宮　56, 221, 225, 230
東貓簕　200
東轅門　221
武術　10
武戲　159, 160

巫醫　17, 18
床母衣　16
延壽　41, 100
投文　221, 236
改運生肖　17
李老君　92
李叔還　96, 119
更夫　215
更衣亭　134
更亭　215
更鑼　215
步罡　144
沐浴亭　17, 133, 192
沐浴（淨身）　133, 134
沙拉油　241
灶君　96, 151
灶君疏　151
灶廚　200
男堂　17, 134
男鬼　134
私斗　98
芋　210
芋種　207
角頭　68, 70, 74, 173, 223, 254
角頭廟　16
豆類　207
車鼓陣　18
車閣　18
車關　165
巡海大典　60
巡筵　17, 193
邪神　138
邪魔外道　106, 128, 160
里社眞君　104

八劃

供品　182
供奉　151
供桌　94, 104, 105, 184, 191, 192, 231, 238
佳燈　69
侍香　69
侍經　69
依科闡事　142
兒郎　246
兩朝　52
兩騎　106
刺球　17
協祀神　16
協會首　103
取火分燈　158
取艛　209, 211, 213
咒文　145
周天　49
周將軍　94
和尙　196
和瘟　17, 243, 248
和瘟勸善大師　243
和瘟教主　250
和瘟教主匡阜眞人　243
和瘟旗　250
奉告醮表　68
委員　258
孤苦遊魂　178

行病使者　243
行疹使者　243
行瘡使者　243
行瘟使者　243
行痢使者　243
行儀　239, 238
行蠱使者　243
行讚堂　234
衣服　128
西天　277
西方七氣天君　95
西方取經　125
西方神　95
西方極樂世界　279, 282, 283
西港　14, 206, 207, 221, 222, 223, 227, 228, 229, 231, 232, 233, 236, 238, 239, 240, 242, 248, 255, 256, 261
西港溪　206
西港醮　50
西溪醮　50
西貓箣　200
西轅門　221
《自立晚報》　12
《名揚百科大辭典》　204
《安平縣雜記》　42, 56, 57, 107, 125

七劃

何千歲　232
何仲　232
何伯虎　126
余千歲　232
余文　232
佛手　186
佛祖　186
佛家　162
佛教　54, 178
佛圓　186
作响　18
作醮　196
兵士　219
兵馬　210
兵將　239
助舵　205
卵生　272
吳千歲　232
吳友　232
吳自牧　54
吳瀛濤　15
告示　235
告示牌　228
呂蒙正　139
告解　256
坐釘椅　18
夾讚瓊書　164
妖魔邪道　145, 248
宋千歲　232
宋玉　44
宋江陣　18, 182, 256
完神　16
尪姨　18
尾桅　257
巫術　17

地官首　103
地府　94, 195
地界　96
地理師　18
地燈　78, 80
地獄　274, 282
地獄道　274
地藏王（菩薩）　186, 280
地錢　82
好兄弟　191, 192, 193
字牌　121, 157, 282
安灶　151
安（奉）灶君　17, 91, 151
安定　50, 252, 255
安神位　17
安胎　17
安崁巾　212
安座　150, 157, 233
安座儀式　219
安符　138
安符淨壇　138
安船　216
安櫟頭　212
安艪　209, 210
安龍目　212
安龍科儀　174
安龍神　111, 174
安龍奠王　174
安龍慶成　111
安龍謝土　47
守更　215
守衛者　137
守護神　89, 109, 277
帆　203, 213, 244, 283
持香　282
收普化紙　194
早堂　234
早朝　155
朱一貴事件　117
朱衣　107
朱衣公　107
朱雀　118, 175
朱熹公　107
竹篙　196
米　186, 210, 219, 241, 244, 246
米斗　90, 97
米卦　18
米籮　90
米龍　174
老大　229
肉山　179, 181, 189
自然之神　17, 94, 107
自動發火　259
艮方　160
色界　96
血光　165
血池地獄　278
血轎　278
行乞　139, 281
行台　221
行政神　17
行香安灶　151
行痲使者　243
行毒使者　243

玉皇大帝　68, 105, 113, 155, 158, 175, 232
玉皇大帝神像　92
玉皇大帝壇　146
玉皇燈　80
玉皇壇　72, 74, 92
玉清　92
玉清元始天尊　92, 104
玉虛天宮　92
甘露法食　178
生肖動物　128
生豬肉　191
田寮　12
甲馬　16
甲紙　90
申冤　268
白米　241
白蓮花　135
白虎　111, 118, 174
白虎符　175
白虎錢　16
白虎關　165
白馬　277
白鶴　277
皮影戲　18
立冬　16
《北斗經》　155
《台北市松山祈安建醮祭典》　55
《台灣民俗百科田野調查暨整理計畫報告書》　9, 10
《台灣民間信仰小百科》　12, 15, 16, 18, 19
《台灣府志》　59
《台灣通史》　42
《台灣歲時小百科》　7, 10, 12, 15, 19
《台灣縣志》　213, 264
《玉樞經》　155, 164

六劃

先人神位　282
先賢亭　17, 132
先賢聖哲　132
兇神惡厄　56
兇煞　138
全羊　179, 182, 191
全牲　191
全豬　179, 182, 191
全雞　179, 182
全鴨　179
共祭會　16
匡阜大眞人　250
吃團圓桌　16
同祀神　16
同歸所　17, 117, 127, 131, 132, 133, 194, 276
回駕　229
因果　274
因果報應　280
地巾　78
地官　54, 96
地官大帝　94
地官大帝壽誕　54

台南市　49
台南縣　64
右門　109
右班　94, 95
四十九朝醮　65
四大元帥　17, 106, 256
四大柱　17, 103, 104
四方神　92, 95
四平戲　18
四生　272
四生六道　285
四生六道靈法船　285
四色牌　189
四行八班　258
四季籤　16
四府　92, 94, 95
四果　15, 238
四海龍王　60, 94
四朝科儀　155
四轎　16, 209
四靈　175
四靈獸　160
四獸　220
四騎　106, 107, 109, 127, 147, 194, 277
司法神　17
外四柱　102, 103
外官首　103
外班役　229
外場　175
外壇　52, 53, 70, 72, 110, 147, 150, 151, 157, 165, 168
外壇獻敬　157
左右轅門　220
左門　109
左班　94, 95
布馬陣　18
布袋　255
布袋戲　18
平安軍　137
平安降福清醮　45
平安祭　55
平安符　195
平安燈　84
平安牌　121
平安醮　45
平安慶成福醮　47
平埔夜祭　14
平埔族　12, 18
打城　268
打船醮　17
正副爐主　143
正案　229, 235
正殿　17, 92, 111, 201, 220, 221
正碇　252
正廳　207
民俗厭勝物　18
民俗學　16
玄天上帝　74, 96, 110, 150
玄武　118, 175
玄靈啓道童子　135
玉女　269, 277
玉帝神像　158
玉皇　74, 94

王船出行　218, 223, 231, 239, 243, 250, 254, 256
王船出廠　169, 216
王船地　210, 244, 248, 252, 255, 256, 258, 259
王船身　252
王船信仰　206, 223
王船祭（典）　17, 198, 209, 210, 220, 225, 227, 232, 242, 252, 256, 258, 261, 264
王船廠　208, 211, 213, 219, 226
王船醮　50
王醮　17, 49, 50, 56, 62, 76, 198, 199, 206, 207, 220, 221, 262
王駕　17
瓦罇　18
《太上正壹文昌科儀》　167
《太眞經》　92

五劃

主事　173
主桌　105, 280
主祀　238
主神　16, 85, 102, 195, 221, 222, 285
主祭　49, 257
主普首　74, 103
主普壇　74, 103
主會　173, 229, 236
主會首　74, 103
主會壇　74, 103
主壇　96, 103, 173
主壇首　74, 103
主醮　52, 69, 142, 173
主醮者　147
主醮首　74, 103
主醮壇　74, 103
主爐　145
代天巡狩　221, 222, 225, 231, 251
令旗　85, 86, 195, 206
凸粉　90
出行　256, 257
出巡　16, 215, 222, 223, 236, 240
功名首　101
功曹　113
功曹表馬帶騎　90
北斗　41
北方五氣天君　95
北方神　95
北門　255
北武當　285
北帝　74, 95, 110, 125
北帝壇　72, 103
半生菜　191
半牲　191
半跪禮　235
占卦　118
古銅錢　100, 196
古禮　145
台北市　181, 262
台南　50, 65, 248, 255

水官大帝　94
水官首　173
水府　94
水果　90, 180, 182, 186, 216
水界　96
水首　246
水國　94
水符　138
水域　170
水煙　238
水德星君　57
水德星君符　138
水燈　162, 170, 173
水燈排　170, 171
水燈頭　173
水醮　17, 49, 56, 57
火工　216, 247
火厄　57
火王　57
火王安座　57
火王爺　57
火居道士　89
火長　246
火炭　207
火馬　57
火燭　158
火獸　57
火醮　17, 49, 56, 57
父母會　16
牙刷　192
牙膏　133, 192
牛舍　201
牛犁陣　18
牛墟　62
牛瘟　62
牛瘟醮　62
牛頭　94
王令　207, 222, 223, 229
王府　215, 220, 221, 225, 226, 227, 228, 229, 230, 231, 233, 234, 236, 237, 238, 242
王府堂規　235
王馬　201, 223, 247
王瑛曾　262
王爺　205, 207, 209, 211, 212, 215, 220, 221, 222, 223, 225, 228, 229, 230, 231, 237, 238, 255, 256, 257, 258, 259, 261
王爺信仰　202, 229
王爺祭典　204
王爺廟　225
王(爺)轎　238, 247
王爺廳　200
王船　15, 84, 198, 199, 200, 201, 202, 203, 204, 205, 208, 209, 210, 211, 212, 213, 215, 216, 218, 225, 226, 231, 232, 236, 238, 239, 240, 241, 244, 247, 250, 251, 255, 256, 257, 258, 259, 261, 262, 264, 285
王船十三艙　201

天梯　175
天道　274
天鼎　115
天錢　82
天廚午供　156
天廚妙供　156
天燈　78, 80, 196
太乙　44
太乙救苦天尊　186
太原　285
太清　92
太清道德天尊　92
太陰　94
太陽　94
太極八卦牌　18
孔夫子　94
尺　97, 100, 128, 167
巴律令　18
引火出行　259
引班　69
引路　135
引鼓　143
手本　229
手印　186
手幡　122
手幢幡　122
手爐　145
手爐布　90
手轎　16
文房四寶　101
文斗燈　101
文昌(帝)君　94, 95, 150, 167
文昌(帝君)廟　101
文昌帝君誕　101
文昌科儀　167
文昌首　101
文昌壇　72
文科　159
斗　41, 97, 99, 100
斗母星君　42
斗母經　42
斗首　17, 52, 53, 68, 72, 74, 75, 98, 102, 103, 146, 150, 156, 157, 164, 168, 177
斗燈　17, 41, 97, 98, 99, 100, 101, 102, 104, 143
斗燈首　102, 173
斗燈傘　99, 101
斗燈籤　99
方術　38
月斧　17
木炭　196
木屐　175
木魚　18
木劍　97
木雕　206, 207
毛巾　90, 133, 192, 278
水　246
水厄　56
水王開光安座　56
水手　205, 210, 213, 216, 244, 258, 283
水仙尊王　60
水官　96

內場　150, 282
內壇　53, 70, 88, 110, 116, 117, 132, 149, 151, 156, 157
公告　230
公揹婆陣　18
公廨　18
六合彩　182
六明　69
六神　118
六畜山　119, 127
六宿山　118
六道　294
六獸　118, 174
六獸山　17, 111, 118, 119, 127, 174
六靈獸　118
六騎　106, 107, 109, 221
凶靈　191
分香神　53
分燈　104
分燈捲簾　158
刈金　16, 90
刈香　16, 222, 240
勾陳　118
勾陳符　175
勾魂大王　243
化生　272
化羽　274, 282, 283
化災　262
升堂　234
升帆　203, 239, 247
午堂　234
午朝　155
厄運　17, 264
天上聖母　60, 94, 104, 150, 210, 226
天公　64, 149
天公金　16
天公壇　74
天公桌　105
天公爐　113, 114, 115
天布　78, 82
天后船　199
天地布　75, 177, 196
天地燈　80, 177
天地諸神　68
天地錢　78, 82
天官　96
天官大帝　94
天官首　103, 173
天門　144, 271
天金　78, 90
天金鼎　90
天界　96
天皇　44
天香鼎　114, 115
天香爐　115
天宮　195
天師　74, 95, 110, 125, 144
天師府　244
天師壇　72, 74, 103
天庭　137, 194, 195
天赦和瘟符命　243
天曹　94

山珍海味　242
山神　107, 109, 194, 277
山神土地　147, 256
山海鎮　18
才副　246
《三洞拏仙錄》　38
《大悲咒》　162, 178

四劃

不定期醮　45
中元　54, 78, 169, 179
中元普渡　122
中元祭(典)　54, 76, 85, 123, 125, 171, 178, 193
中元醮　54
中軍　225
中軍府　220, 223, 225, 226, 231, 238
中軍爺　225, 256
中桅　257, 261
中桅中帆　252
中壇元帥　94
中營　225
中艙　200
丹靈啓道童子　135
五大壇　74
五斗星君　95
五方　112, 135, 137, 138, 147, 160
五方軍　135
五方童子　135, 137, 147
五老天君　95
五色山　180, 181
五色布　49, 165
五色紙　16
五色旗　203
五色綢　90
五色線　90
五色線尾　212
五行五色　180
五府千歲　232, 251
五牲　90, 182, 189, 191
五星　44, 49
五條醮　56
五朝　60, 65, 126
五朝圓醮　262
五朝醮　65
五穀　196, 210
五穀先帝　104
五瘟神　243
五營元帥　225
五營神兵　162
五寶　17
井淺布　90
元辰光彩　154
元辰煥彩　158
元神　97
元黃始祖　92
元廟　16
元靈啓道童子　135
內司　230, 238
內外班役　229, 233
內外傳　229
內班役　229

上帝　159
上香　131, 145, 146
上清　92
上疏　113, 114, 115
上壇　144
下水禮　218
下四柱　102, 103, 157
下桌　16
下錨　216, 218
下錨停泊　218
乞丐　10, 139, 281
乞丐寮　139
乞求　206
亡魂　17, 64
亡靈　117, 128, 135, 170, 269, 277, 279, 280, 283, 284, 285
亡靈船　283
千歲　242
土地　96, 107, 109, 147, 194, 277
土地公　94, 104
土地公金　16
土地公廟　173
土地公戲　16
土地神　109
大千歲　231, 242, 256
大士　125
大士山　125, 126, 127
大士出行　194
大士爺　17, 122, 123, 125, 126, 135, 147, 154, 194, 277, 284
大小銀紙　16
大甲媽祖廟南巡　14
大甲醮　72
大同區　262
大拍尾　76, 250
大法師　244
大限　165
大殿　174, 233
大福金　16
大廚　205
大廟　65, 86
大鬧皇壇　146, 159
大燭　90
大戲　10
大繚　246
大總理　242
大轎　16, 231, 252
大醮　49, 52, 56, 57, 74, 116, 126
大廳　201
女室　17, 134
女鬼　134
子弟戲　18
小限　165
小琉球　241, 255
小普　116
小筵　238
小廟　65
小燭　90
小戲陣頭　18
小醮　52, 53, 55, 56, 62, 74
山門　17
山珍　180

八珠綾布　90
八掌溪　252
八騎　106, 107, 221
十二元神　41, 100
十二官將　94
十二寶　99, 100
十二瘟王　232, 243
十二騎　107
十三太保陣　18
十三艙　200
十殿閻王　182, 280
十類孤魂　178
十騎　106, 107

三劃

三十六天罡　82
三十六(十二)婆姐　94
三十六官將　175
三十六官將符　175
三十六結　152
三千歲　242
三山國王　104
三天　92
三元醮　49
三王府　262
三色布　90
三角旗　187
三官大帝　116, 150
三官亭　116
三官首　103
三官(界)壇　17, 72, 88, 105, 116, 138
三府千歲　232
三板公　246
三牲　90, 182, 189, 191, 248
三界　96, 104, 113, 169
三界壇　86, 92, 96, 105, 135, 152, 154
三峽祖師廟　86
三師　69
三桅　206
三條醮　56
三清　92, 104
三清宮　92, 104
三清道祖　195
三清境　92
三清壇　17, 53, 88, 92, 94, 95, 96, 105, 110, 112, 138, 146, 147, 149, 152, 154, 158, 159, 167, 195
三朝　64, 65
三朝醮　65
三跪九叩(大)禮　145, 236
三跪拜禮　233
三壇　49
三藏取經　277
三藏師徒　125
三寶罡　144
三獻　243
三獻祭典　115
三獻禮　17, 248
三纙　246
上任短諭　235
上奏天庭　114

索引

一劃

一日醮　75
一貫道　284
一貫道法舟　284
一朝　52, 64, 65
一朝正醮　65
一朝宿啓　65
一朝醮　65
一碇　246
一跪三叩禮　236
一纒　246

二劃

丁口　84
七十二地煞　82
七七四十九天大醮　107
七角頭　252
七星罡　144
七星劍　17, 100, 145
七星橋　282
七星燈　78, 80, 196
七朝(大)醮　49, 65, 158
七證　69
七關渡七限　165
九九歸元大法會　285
九成　69
九品蓮花燈　162
九拜　145
九皇　42
九皇祈安醮典　42
九皇禮斗醮　49
九皇醮　17, 42
九皇齋戒法會　42
九壇　49
九獻禮　17
二十二宿　49
二十八星宿　85
二十八宿星君　107
二千歲　231, 242, 256
二碇　246
二朝法會　17
二朝宿啓　65
二朝醮　65
二跪六叩禮　236
二廚　205
二纒　246
二繚　246
人羣廟　16
人道　274
入壇　144
入醮　70, 75, 89, 157, 177, 226
入醮呈章　155
八仙　95, 107, 220
八仙綵　17
八卦　160
八度　69
八家將　18

國立中央圖書館出版品預行編目資料

台灣民間信仰小百科. 醮事卷/劉還月著. --
第一版. ——台北市：臺原出版：吳氏總經銷,
民83
面；　公分. ——（協和台灣叢刊：44）
含索引
ISBN 957-9261-58-x（精裝）

1.民間信仰—台灣

271.9　　　　　　83000260

●協和台灣叢刊44●

台灣民間信仰小百科〔醮事卷〕

著者／劉還月
責任編輯／徐靜子
校　對／郭貞伶・郭瓊雲・黃靜香・洪嘉慧
發行人／林經甫（勁仲）
總編輯／劉還月
執行主編／詹慧玲
編　輯／蔡培慧・徐靜子・陳柔森
出版發行／臺原藝術文化基金會・臺原出版社
發行所／台北市松江路85巷5號
編輯部／台北市新生南路一段157巷36之1號
電　話／（02）7086855～6
傳　眞／（02）7020075
郵政劃撥／1264701～8
出版登記／局版台業字第四三五六號
法律顧問／許森貴律師
地　址／台北市長安西路246號4樓
印　刷／耘橋彩色印刷股份有限公司
電　話／（02）9175830
總經銷／吳氏圖書公司
地　址／台北市和平西路一段150號3樓之1
電　話／（02）3034150
定　價／新台幣三八〇元
第一版第一刷／一九九四年（民八三）一月

ISBN 957-9261-58-x